KEHU YONGDIAN ANQUAN JIANCHA
PEIXUN JIAOCAI

客户用电安全检查
培训教材

国网浙江省电力有限公司　组编

中国电力出版社
CHINA ELECTRIC POWER PRESS

内 容 提 要

　　本书共十章，主要内容包括客户安全用电检查概述、安全用电检查作业前准备、变压器检查、高压开关柜检查、低压柜检查、客户变电站管理、重要电力用户检查、反窃查违、新型业务检查、检查结果与处理。

　　本书适用于从事电力安全生产管理的人员和对用电安全专业培训的管理人员及技术人员。

图书在版编目（CIP）数据

客户用电安全检查培训教材 / 国网浙江省电力有限公司组编．—北京：中国电力出版社，
2023.10

　　ISBN 978-7-5198-6605-1

　　Ⅰ．①客… Ⅱ．①国… Ⅲ．①安全用电–安全培训–教材 Ⅳ．①TM92

　　中国版本图书馆 CIP 数据核字（2022）第 045735 号

出版发行：中国电力出版社
地　　址：北京市东城区北京站西街 19 号（邮政编码 100005）
网　　址：http://www.cepp.sgcc.com.cn
责任编辑：雍志娟
责任校对：黄　蓓　王小鹏
装帧设计：张俊霞
责任印制：石　雷

印　　刷：三河市航远印刷有限公司
版　　次：2023 年 10 月第一版
印　　次：2023 年 10 月北京第一次印刷
开　　本：710 毫米×1000 毫米　16 开本
印　　张：11.25
字　　数：173 千字
印　　数：0001—1500 册
定　　价：60.00 元

编　委　会

前　言

　　电力的安全、可靠、有效供应是现代社会正常运转、快速发展的重要物质基础，事关经济的发展、社会的稳定和国家的安全大局。我国对用电安全服务工作十分重视，早在 1952 年，全国供用电会议提出建立用电监察制度和机构，监督和协助用户做好用电安全，节约电力，合理用电，提高力率和调整负荷等工作。1956 年全国用电监察会议上明确了用电监察工作的职责任务是对用户安全、合理、节约用电进行监察。1963 年，经国家经济委员会批准，水利电力部颁发了中国第一个《用电监察条例（草案）》，要求用电监察人员对用电单位进行安全检查，提出改进意见，督促协助用电单位清除用电不安全因素，不断提高安全用电水平。1983 年修订的《全国供用电规则》，将"三电"工作方针从"计划用电、节约用电、群众办电"调整为"计划用电、节约用电、安全用电"，加强了安全用电管理。1996 年颁布的《电力法》中第三十二条明确："用户用电不得危害供电、用电安全和扰乱供电、用电秩序。对危害供电、用电安全和扰乱供电、用电秩序的，供电企业有权制止。"在法律上赋予供电企业制止危害供电、用电安全和扰乱供电、用电秩序的权利。同年电力部颁布《用电检查管理办法》，对供电企业用电检查人员开展工作的准则和必须遵守的纪律做出了明确规定。用电检查工作在贯彻国家电力法规、方针、政策、标准、规章制度，帮助用户安全科学用电，维护电力用户合法权益，保障公共电网安全方面发挥了积极作用，是供电企业与客户之间沟通的桥梁和纽带。

　　2016 年《用电检查管理办法》废止，用电检查的工作由"监察、检查、指导、帮助"改为"服务、检查、指导、帮助"；其工作的性质也由政企合一的行政职能转变为单一的企业行为；用电检查工作重心转为客户用电安全检查服务。客户用电安全检查服务（用电检查）人员肩负着保障正常的供用电秩序和社会公共安全的重任，承担着向用户提供安全用电服务，提高全社会安全用电、科学用电水平的义务。

第三次修改后的《安全生产法》自 2021 年 9 月施行，进一步压实了生产经营单位的主体责任，加大对违法行为的惩处力度，体现了党和政府对安全的高度重视。电网公司作为国家能源供应企业，在保障电力供应，维护公共安全方面承担着重要的社会责任，以国家电网公司为代表的供电企业不断开拓创新、认真履行职责，始终将服务社会、服务客户、服务地方政府、服务发电企业的理念贯穿于整个客户用电安全检查服务过程，并将服务客户安全、科学用电自觉地作为供电企业永恒的服务主题，自觉承担起普遍服务义务，履行社会的责任，对保障和促进电力工业的改革和发展、促进国民经济发展和满足人民日益增长的生活需求，产生了积极而又深远的影响，开创了供电企业与电力用户双赢的良好局面。

为了快速提高客户用电安全检查服务人员的技能水平，结合新形势下对客户用电安全检查服务工作的实际需求，浙江省电力有限公司营销部组织有关专家，编写了《客户用电安全检查培训教材》。本书采用了大量用电安全检查过程中的照片，直观易懂，结合各种设备、运行环境、设备缺陷等图片讲解客户用电设施现场检查内容，缺陷分级及处理方法，并融入了充换电设施、港口岸电、储能电站等新业务的现场检查。希望对实际工作有所启发，并能得到推广应用。

本书可作为供电企业用电检查人员岗位培训的专业教材，也可作为高职院校技能教材，还可作为广大电力用户电气专业运行、作业、管理人员的培训参考资料。由于时间仓促，加之水平有限，书中不当之处在所难免，敬请广大读者提出宝贵意见。

编　者

2023 年 10 月

目　录

第一章

客户安全用电检查概述

早在 1952 年，各省（市自治区）电业部门正式设置政府性质的用电监察机构，实行统一的计划分配用电指标用电（包括电力、电量两项指标），对不同企业实行电耗定额（产品单耗），在电力短缺时实行限电拉闸计划。1956 年，全国用电监察会议明确了用电监察的工作职责，对用户的安全用电、合理用电、节约用电进行监察。1963 年，水利电力部颁发了中国第一个《用电监察条例（草案）》，明确了用电监察机构的职责任务及职权。1983 年《全国供用电规则》后附有《用电监察条例》，1996 年电力工业部颁发《用电检查管理办法》，对用电检查检查内容与范围、组织机构及人员资格、检查程序和检查纪律作了明确。2015 年 12 月 31 日《用电检查管理办法》废止，用电检查工作逐渐淡化政府职能，向用电安全服务转变。

第一节　客户安全用电检查内涵及意义

随着经济社会的发展，各行业用电量急剧增加，各类安全用电问题凸显。近年来，国家对做好安全生产、保障公共安全越发重视，要求把安全生产工作摆在重中之重的位置。电网公司作为国家能源供应企业，在保障电力供应，维护公共安全方面承担着重要的社会责任。

一、内涵

用电检查工作是电网企业的一项重要的基础性工作，也是保障正常的供用电秩序和社会公共安全的重要手段，承担着向用户提供安全和优化用电服务，提高全社会安全用电、科学用电水平的职责。因此用电检查工作不仅需要对用电客户用电行为开展用电检查，更重要的是需要通过用电检查促进客户安全用电提升，向客户提供更优质的用电服务，缩短用电客户与电网企业的距离，树立电网企业良好的社会形象和信誉。

安全用电检查是指规范用户受电线路、受电装置等设备配置和运行维护，有效减少人身伤害、财产损失和电网风险的有关活动。

二、安全用电主要存在问题

安全用电存在问题主要分为电源类、人员类、管理类和设备类。

电源类安全用电问题主要存在于重要用户，包括：单电源供电；电缆采用直埋方式敷设、供电线路采用同杆双回架设或同一电缆沟道敷设、线路穿越危险区域；应急自备电源不满足保安负荷 120%的配置要求；柴油发电机等应急电源无法启动等。

人员类安全用电问题主要包括：未配置专职电工；运行值班人员未取得相应资质证书；运行值班人员技能水平不满足要求等。

管理类安全用电问题主要包括：运行管理制度缺失；变电站、配电房运行规程缺失、运行值班记录不完整；防小动物封堵不到位，高层建筑的电缆井、观察井有积水、电缆竖井内堆放杂物；未定期开展反事故演习；未编制停电应急预案；表后线私拉乱接现象较普遍；自建自管小区存在建设时配置标准较低；小区配套费政策取消后新建城镇居民小区电力设施建设质量较差等。

设备类安全用电问题主要包括：配电设备运行维护不到位；消防设施、安全工器具配置不到位；未按规定对电气设备开展周期性试验；电气设备超载运行；配电线路凌乱，乱搭乱接现象普遍；广告牌、路灯箱，喷泉等公用设施年久失修，存在漏电隐患；用户为压缩成本，降低施工和设备标准，采用"铜包铝""铝绕组变压器""非阻燃线缆"等伪劣产品，造成受电工程投运后隐患较多；小区配电容量低，线缆线径小，设施老化严重；部分用户没有安装漏保或漏保故障不能正确动作；配电间无应急照明等。

电力用户数量众多，且居民用户、小微企业占比大，安全用电意识薄弱，基本未配置专职电工，隐患多、整改率低。2018 年全国共接报火灾 23.7 万起，造成 1407 人死亡、798 人受伤、直接财产损失达 36.75 亿元，其中因违反电气安装使用规定引发的火灾起数占全年火灾起数的 34.6%。随着国家"安全问责"力度的加大，公司供用电安全管理压力与日俱增。另外，据统计，用户内部故障引起电网故障占全部故障停电数量的 13.61%，用户产权线路设备故障引起主网跳闸频次居高不下，对电网安全稳定运行存在较大挑战，严重影响供电企业的供电可靠性。

三、意义

（一）保障用电客户安全用电

用电检查作为客户安全用电的关键措施，对促进居民客户安全用电、企业安全生产的作用至关重要。对居民用电客户而言，用电检查能够保障居民客户在生活中的安全用电，有效杜绝因客户私拉乱接引起人员触电事故、民房火灾，对居民用户及时进行安全用电常识宣贯，提升安全用电常识，减少家用电器损坏等引起不必要损失。

对企业用电客户而言，用电检查能够保障企业安全用电，助力企业生产的正常运转，有效降低企业由电力事故引起的事故发生率，保障员工人身安全。及时检查发现存在的安全隐患，提出最佳的改进方案和优化方案，引导企业电力作业人员加强对受电装置和用电设备的安全技术特性，使得安全隐患排查效果显著，有效降低用电安全风险。

（二）监督用电客户规范用电行为

在监督和检查用电客户规范用电行为中，用电检查也发挥着重要作用。周期性用电检查、专项用电检查等工作的开展，对专变用户违约用电、窃电、专变线路运维等方面具有良好的约束作用，对于故障率高、耗能大、大型复杂的电力设备，通过建立监督系统实施监督检查，高效的发现问题，并给出用电客户最优的解决方案，保证客户用电的安全性。

（三）建立起与用电客户沟通交流的桥梁

通过用电检查工作的有序开展，实地了解用户的实际用电情况、用电需求、用电计划、电气设备等情况，为用电客户提供良好的售后服务，协助用户做好用电设备安全管理，优化用电方案，促使用电客户提高用电效率，减少电能损耗，降低用电成本，提高企业收益，促进企业发展。逐步建立起与用电客户沟通交流的桥梁，全面提升客户服务质量。

第二节　客户安全用电检查工作依据及要求

在用电安全检查服务时，必须遵守《高压电力用户用电安全》、《电力安全工作规程》、《供用电合同》等相关规定，不得擅自操作客户的电气装置及电气设备。按照"四到位"的工作要求，维护正常供用电秩序和保障公共安全，提高安全用电水平。

一、工作依据

安全用电检查工作的开展须遵循有关技术标准或文件执行。主要依据下列文件开展。

技术规范类包括：GB 26860《电力安全工作规程》、GB/T 29328《重要电力用户供电电源及自备应急电源配置技术规范》、GB 50060《3kV～110kV 高压配电装置设计规范》、GB 50053《20kV 及以下变电所设计规范》、GB/T 32893《10kV 及以上电力客户变电站运行管理规范》、DL/T 572《电力变压器运行规程》、DL/T 596《电力设备预防性试验规程》。

管理类文件包括：《国家电网公司营销安全风险防范工作手册（试行）》（国家电网营销〔2009〕138 号）、《国家电网公司关于高危及重要客户用电安全管理工作的指导意见》（国家电网营销〔2016〕163 号）、《国家电网有限公司客户安全用电服务若干规定》（国网（营销/4）634—2019）、《国家电网有限公司营销现场作业安全工作规程（试行）》（国家电网营销〔2020〕480 号）。

二、工作要求

安全用电检查按照"服务、通知、报告、督导"四到位的工作要求开展，指导、帮助和督促客户提高用电安全管理水平，维护正常供用电秩序。

（一）服务：规范开展现场检查

严格遵守用电检查有关规定对客户现场的自备应急电源配备及使用情况、电气设备运行情况、用电行为合法合规情况等内容开展检查。结合季节性特点，有针对性地增加防雷、防汛、防冻、防污等检查内容，做到查到位、不留死角。严格遵守检查纪律，严格执行安全规程，确保检查人员人身安全。

（二）通知：规范缺陷隐患告知

认真做好缺陷隐患告知工作，对于检查发现的用电安全缺陷隐患，应开具《用电检查结果知书》一式两份，一份交客户留存，另一份由客户签收后带回存档备查。对于客户拒绝签收的，应通过函件、挂号信等具有法律力的形式正式送达客户，确保通知到位、不存遗漏。

（三）报告：严格执行隐患报备

严格规范隐患报备管理，对于客户的供电电源和自备应急电源配置不到位等可能导致供电中断的用电安全缺陷隐患，每季度末前函报政府主管部门，确保报备到位、严防风险，并于季度末报送国网营销部。

（四）督导：加强隐患整改督导

建立完善的高危及重要客户缺陷隐患台账管理制度，主动为客户提供技术支持，持续督促客户落实整改措施。同时加强与政府主管部门沟通协调，借助政府力量推进客户缺陷隐患整改工作，确保督导到位、促进整改。

第三节 客户安全用电检查周期

安全用电检查按照检查周期、检查内容的不同可分为定期安全服务、专项安全服务和特殊性安全检查服务三大类，各类检查须按规定周期制定并落实工作计划，及时开展现场检查。

一、用电安全检查服务分类

用电安全检查服务分为定期安全服务、专项安全服务和特殊性安全检查服务。定期安全服务可以与专项安全服务相结合。

（一）定期安全服务

定期安全服务是指根据规定的检查周期和客户安全用电实际情况，制定检查计划，并按照计划开展的检查工作。

（二）专项安全服务

专项安全服务是指每年的春季、秋季安全检查以及根据工作需要安排的专业性检查诊断，检查重点是客户受（送）电装置的防雷防汛情况、设备电气试验情况、继电保护和安全自动装置等情况。

（三）特殊性安全检查服务

特殊性安全检查服务是指因重要保电任务或其他需要而开展的用电安全检查。

二、客户用电安全检查周期

（一）定期安全服务

定期安全服务的周期通常按用户的重要程度、电压等级进行确定。安全服务周期如下：

（1）对重要电力用户每 6 个月至少检查 1 次（浙江公司提格管理，特级、一级高危及重要客户每三个月至少检查一次）。

（2）35kV 及以上电压等级的用户，宜 6 个月检查 1 次。

（3）10（6）kV 用户，宜 12 个月检查 1 次。

（4）对 380V（220V）低压用户，应加强用电安全宣传，根据实际工作需要开展不定期安全检查。

（5）具备条件的，可采用状态检查的方式开展检查。

（6）同一用户符合以上两个条件的，以短周期为准。

（二）专项安全服务

（1）国家法定节假日专项安全检查每年至少一次/项，包括春节、元旦、国庆节等。

（2）春、秋季安全用电专项检查每年（季）一次、迎峰度夏防汛泵站安全用电检查每年一次。

（三）特殊性安全检查服务

（1）高考、中考保供电专项检查每年至少一次/项。

（2）各级政府组织的大型政治活动、大型集会、庆祝、娱乐活动及其他特殊活动需要临时特殊供电保障，根据活动要求开展安全用电检查服务。

第四节　客户安全用电检查风险分析与预控措施

安全用电检查主要包括用电安全检查不规范，发生触电、人身意外伤害事件等六大风险点，若不加以预控和防范，可能造成营销安全事故的发生。通过风险分析与加强预控措施，可实现客户安全用电检查"可控、能控、在控"，有效降低和化解安全风险。

一、用电安全检查不规范

用电安全检查不规范行为主要包括：

（1）未按规定和周期要求制定检查计划。

（2）未按要求提前准备检查所需的设备及资料。

（3）替代客户操作受电装置和电气设备，如图1-1所示。

预防控制措施有：

（1）制定检查计划，落实用电安全检查的考核制度。

（2）在执行用电安全检查任务前，全面检查所带资料及设备，确保设备工作正常。

图 1-1　错误行为：代替客户操作设备

（3）加强工作人员培训，强调不得替代客户操作电气设备，遇到客户电工不会操作的可以指导电工操作，如图 1-2 所示。

图 1-2　指导客户操作设备

二、发生触电、人身、意外等伤害事件

可能发生触电、人身意外等伤害事件有：

（1）特殊气候条件下，如雷雨、大雾、大风等天气，户外设备巡检存在危险。

（2）现场设备外壳保护接地不可靠对检查工作人员安全造成隐患。

（3）户内 SF_6 设备检查，存在有害气体泄漏对检查工作人员造成伤害的隐患。

（4）检查通道内枯井、沟坎时，遭遇动物攻击等，可能给检查工作人员安全健康造成危害。

（5）现场设备带电、交叉跨越、同杆架设等可能给检查工作人员带来危险。

预防控制措施有：

（1）特殊气候条件下，如雷雨、大雾、大风等天气时，现场检查人员应避免户外设备巡视工作。

（2）检查人员应避免直接触碰设备外壳，如确需触碰，应在确保设备外壳可靠接地的条件下进行。

（3）检查人员进入 SF_6 装置室，应确认能报警的氧含量仪和 SF_6 气体泄漏报警仪无异常报警后，方可进入。入口处若无 SF_6 气体含量显示器，应先通风15min，并用检漏仪测量 SF_6 气体含量合格。检查工作人员进入以上现场检查作业，应充分了解现场情况，配备足够的照明用具及防护设备，确保安全。

（4）检查工作人员进入以上现场检查作业，应先充分了解并核准现场设备运行情况及风险点，明确安全检查通道，与带电设备保持足够安全距离，并采取有效防护措施，避免误碰误接触带电设备或误入带电间隔。

（5）检查高压带电设备时，不得强行打开闭锁装置。

三、用电检查中未能发现安全隐患或未开具书面整改通知单

导致用电检查中未能发现安全隐患或未开具书面整改通知单的因素有：

（1）检查工作人员技能欠缺，用电安全检查中未能发现用电安全隐患。

（2）检查中发现的安全隐患未充分告知客户，未开具书面检查结果通知书。

（3）未对隐患进行跟踪并督促客户进行整改。

预防控制措施有：

（1）加强用电安全检查人员培训，提高检查工作人员技能素质。

（2）加强用电安全检查工作质量考核。

四、检查过程中客户不配合检查

客户不配合检查的主要情形有：

（1）客户不允许检查工作人员进入。

（2）客户拒绝或推脱签字确认，存在检查结果无效的风险。

预防控制措施有：

（1）检查工作人员应首先主动向被检查客户出示工作证。对不配合检查的客户，必要时可以随带当地街道办等政府工作人员共同检查。

（2）充分与客户沟通，可采取录像或录音等方式记录，也可以采取函件、挂号信等送达方式，规避客户不配合情况。

五、客户拒绝整改用电安全隐患

客户拒绝整改用电安全隐患是指客户对用电安全检查时告知的用电安全隐患拒绝整改。对于重大隐患，客户不实施隐患整改并危及电网或公共用电安全的，向当地电力主管等相关政府部门落实报备工作要求，并发放《限期整改告知书》督促整改工作，拒不整改的发放《中止供电通知书》，并按规定审核、实施。

六、资料未归档

造成资料未归档的原因主要是检查流程未归档，检查不闭环；检查纸质档案资料遗失、未归档。预防控制措施是加强用电安全检查工作质量考核。

第二章

安全用电检查作业前准备

安全用电检查作业前准备主要包括作业准备工作安排、作业组织与人员安排和工器具与材料准备。作业前准备工作应有组织、有计划、分阶段、有步骤地进行，认真做好作业前准备，对于提高客户安全用电检查工作效率和工作质量具有重要作用。

第一节 准备工作安排

依据《国家电网有限公司营销现场作业安全工作规程（试行）》规定，客户侧开展用电检查工作对应风险等级为一级，宜填用现场作业工作卡，窃电、违约用电查处也可使用相应电压等级下的工作票。在开展不需要停电，不存在接触带电部位风险的客户现场安全检查工作时，可不使用工作票或现场作业工作卡，但应以其他形式记录相应的操作和工作等内容。准备工作内容及要求见表 2-1，现场作业工作卡填写示例见图 2-1。

表 2-1   准 备 工 作 安 排

序号	内容	要求	备注
1	制定年、月度巡检计划	定期安全检查服务需按照不同电压等级、重要性等级客户的检查周期要求制定计划。专项安全检查服务、特殊性安全检查服务需根据实际工作需求单独制定计划	
2	准备检查所需工具	安全帽等安全工器具、常用工具及工具包、摄录设备、移动作业终端、电能计量专用封印工具、万用表、非接触测温仪、三相多功能相位伏安表、数字高压兆欧表等，如图 2-2 所示	现场检查所需工具分为必备和根据需要配备

续表

序号	内容	要求	备注
3	了解客户基本情况	通过营销业务系统、电能采集系统等，了解客户基本信息，掌握客户基本情况	
4	准备现场作业工作卡	用电检查工作宜填用现场作业工作卡。在按照有关法律法规开展客户侧用电检查现场作业时，可不执行"双许可"制度，由供电方许可人许可后，即可开展用电检查相关工作	

单位：余姚市供电有限公司客户服务中心　　　　**编号：YYKF－YY—202105－XC－03**

工作负责人	潘××		班组	市场拓展班	
工作班成员	徐××				共 1 人
计划工作时间	自 2021 年 05 月 12 日 10 时 00 分至 2021 年 05 月 12 日 11 时 00 分				
客户名称	工作地点	工作指派人	派工时间		现场作业类型
宁波舜××××限公司（户号：1270294703）	浙江省宁波市余姚市凤山街道永丰行政××××路 288 号	代××	2021 年 05 月 11 日		用电检查
序号	工作现场风险点分析	注意事项及安全措施			逐项落实并打"√"
1	现场设备带电等可能给检查工作人员带来的触电危险	检查工作人员进入以上现场检查作业，应先充分了解并核准现场设备运行情况及风险点，明确安全检查通道，与带电设备保持足够安全距离，并采取有效防护措施，避免误碰误接触带电设备或走错带电间隔。检查高压带电设备时，不得强行打开闭锁装置			√
2	现场设备外壳保护接地不可靠对检查工作人员安全造成隐患	检查人员应避免直接触碰设备外壳，如确需触碰，应在确保设备外壳可靠接地的条件下进行			√
3					
工作负责人签名	潘××				
工作许可人签名（供电公司）	徐××				
工作许可人签名（客户）	王××				
工作任务和现场安全措施已确认，工作班成员签名	徐××				
开工时间：2021 年 05 月 12 日 10 时 08 分					
工作终结：		工作负责人签名：潘××		工作许可人签名：徐×× 王××	
收工时间：2021 年 05 月 12 日 10 时 32 分					

图 2-1　现场作业工作卡填写示例

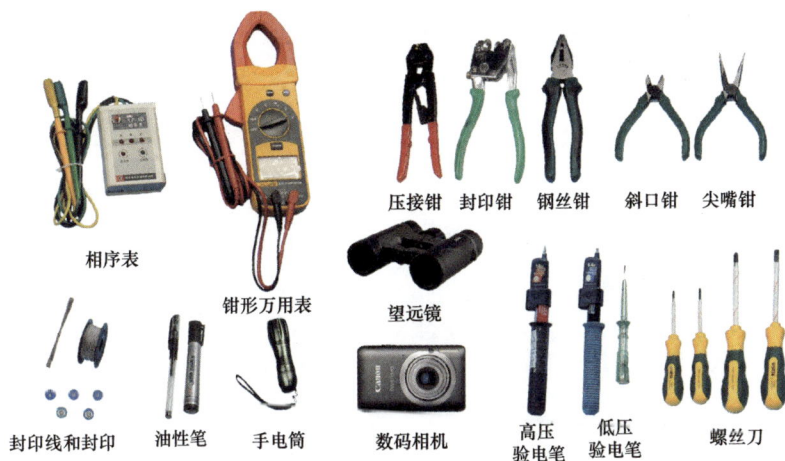

图2-2　安全检查常用工器具

第二节　作业组织与人员要求

作业组织明确了工作所需人员类别、人员职责和作业人员数量。人员要求明确了作业人员的精神状态、作业技能、着装、证件等要求。

一、作业组织

用电检查班长负责制定各类用电安全检查工作计划，负责分派具体检查人员。用电检查员负责开展客户用电安全检查工作，负责检查流程流转、归档，保存检查记录与相关文档，现场检查不少于2人，如图2-3所示。

二、人员要求

（1）符合GB/T 28583《供电服务规范》中基本道德和技能规范、诚信服务规范、行为举止规范、仪容仪表规范、营业场所服务规范的要求。

（2）工作人员应具有良好的精神状态和身体状况，如图2-4所示。

（3）工作人员应着装整齐，个人工具和劳保用品应佩戴齐全，如图2-5所示。

图 2-3　现场客户安全用电检查不少于 2 人

图 2-4　工作中精神饱满、无不良情绪

（4）熟悉《电力法》、《电力供应和使用条例》、《供电营业规则》等国家有关电力法律法规、用电政策和电力系统及电力生产的有关知识。

（5）工作人员在进行现场检查时应向客户表明身份、出示工作证件并说明来意，如图 2-6 所示。

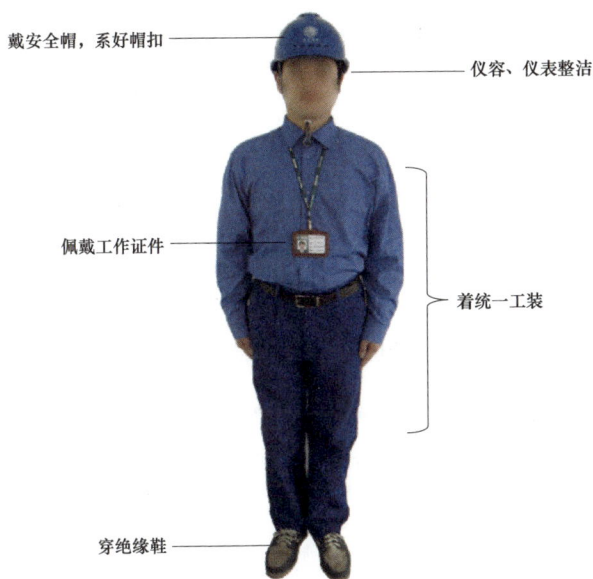

戴安全帽，系好帽扣

仪容、仪表整洁

佩戴工作证件

着统一工装

穿绝缘鞋

图 2-5　工作人员着装规范

图 2-6　主动出示证件

（6）工作人员开展现场检查工作时，应遵守客户现场管理规定。

（7）工作人员营销安规考试必须合格后才能上岗。

第三节　工器具与材料准备

为确保检查过程安全以及检查结果准确，下厂检查前需准备必要的工器具、技术资料，还需要了解客户相关信息。

一、备品备件与材料

用电检查人员应携带《用电检查结果通知书》（格式如图 2-7 所示）《限期整改告知书》、《中止供电通知书》若干。

用电检查结果告知书

尊敬的：

户名：**宁波××有限公司**　　　　　　　　　　户号：**521701××××**

为贯彻落实国家和行业要求，对您单位（或个人）进行了安全用电检查，经检查贵方目前还存在部分用电隐患，请立即进行整改，内容告知如下：

1. 柴油发电机等应急电源无法启动；
2. 消防设施、安全工器具配置不到位。

上述隐患（缺陷）整改请于　**2021**　年　**11**　月　**17**　日前整改到位。

用户（签字或盖章）：**王××**　　　　　　　检查人：**李××**

联系电话：**135××××9996**　　　　　　　　联系电话：**188××××5586**

　　　　　　　　　　　　　　　　　　　　　　　　　2021 年 **11** 月 **2** 日

（本通知书一式二份，双方各执一份）

图 2-7　用电检查结果通知书

二、工器具与仪器仪表

工器具与仪器仪表包括了专用工具、常用工器具、仪器仪表等，见表 2-2。

表 2-2　　　　　　　　　工器具与仪器仪表

序号	名称	单位	内容	备注
1	安全帽等安全工器具	套	主要包括安全帽、统一工装、绝缘手套、绝缘鞋、绝缘梯等	必备
2	常用工具及工具包	套	主要包括钳形电流表、验电笔、手电筒、望远镜、放大镜等	必备
3	移动作业终端	台		必备
4	摄录设备	台	主要包括摄像设备、录音设备、执法记录仪等	必备
5	装表工器具	套	钢丝钳、尖嘴钳、螺丝刀、活动扳手、绝缘胶带等	反窃查违工器具根据实际需要配备，具体按照反窃查违作业指导书规定执行
6	电能计量专用封印工具	包	主要包括封印、封条、物证封装袋（箱）等	
7	测量工器具	套	相位伏安表、配变容量测试仪、高低压变比测试仪、三（单）相校验仪、非接触测温仪等	

三、技术资料

技术资料包括客户基本信息、设备信息等，通过营销业务系统或移动作业终端查询，必要时，提前至档案室查阅纸质档案资料，如图 2-8 所示。技术资料包括：客户基本信息（户名、联系方式、供电电源情况、行业分类、用电类别等）、客户设备信息（主设备参数、各类试验报告等）、其他现场检查所需要提前了解的客户资料（客户图纸、业务档案等）。

四、客户设备设施状态

作业前还应了解客户设备设施状态，生产情况等。了解客户设备带电情况，与带电设备保持足够安全距离，了解客户生产工艺，设备负荷用电情况。

图 2-8　现场检查前提前了解的客户资料

第三章

变压器检查

第一节 概　述

一、变压器的作用

变压器的作用一般有两种，一种是升降压作用，另一种是阻抗匹配作用。阻抗匹配主要用于电子电路中，故重点介绍升降压作用。在生产生活中，我们使用的电压有很多种，如生活照明电是 220V，工业生产用电是有 380V、10kV、35kV 等，部分电焊机的电压还需要调节，而变压器通过主副线圈电磁互感原理，可以把电压降低到我们所需要的电压。在远距离电压传输过程中，我们需要把电压升高，以减少线路的损耗，这就是变压器的作用。

二、变压器的分类

（1）按相数分：单相变压器（如图 3-1 所示）、三相变压器（如图 3-2 所示）。

（2）按冷却方式分：干式变压器（如图 3-3 所示）、油浸式变压器（如图 3-1 所示）。

（3）按用途分：电力变压器、试验变压器（如图 3-4 所示）、特种变压器（如图 3-5 所示）。

（4）按绕组形式分：双绕组变压器、三绕组变压器（如图 3-6 所示）、自耦变压器。

图 3-1　单相油浸式变压器

图 3-2　三相油浸式变压器

图 3-3　干式变压器

（5）按铁芯形式分：芯式变压器、非晶合金变压器（此类变压器以铁基非晶态金属作为铁芯，空载损耗要比一般采用硅钢作为铁芯的传统变压器低70%～80%）、壳式变压器（用壳式铁芯制成的变压器，结构上较为简单，在小功率的变压器上仍得到广泛采用，如图3-7所示）。

图 3-4　10kV 交直流高压试验变压器

图 3-5　特种变压器（船用变压器）

图 3-6　三绕组变压器

图 3-7　壳式变压器

第二节　油浸式变压器检查

一、油浸式变压器的基本结构

油浸式变压器主要由铁芯、绕组、油箱等部件组成，如图3-8所示。

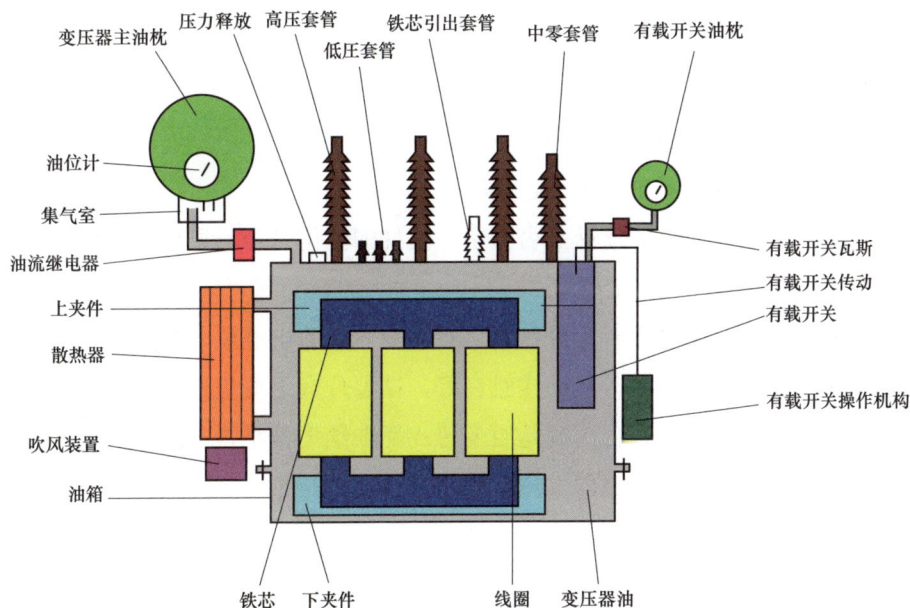

图3-8　油浸式变压器结构示意图

1. 铁芯部分

采用厚度小于或等于 0.3mm 高导磁优质晶粒取向冷轧钢片材料或非晶合金材料叠积而成，主要起导磁作用。

2. 绕组部分

通常采用优质一级无氧铜导线（箔）绕制而成，它是变压器的心脏。

3. 油箱部分

除油箱本体外，还包括储油柜、支架等。

4. 绝缘部分

各部件之间以及自身的变压器油、纸质绝缘。

5. 测量仪器

包括信号温度计、电流互感器、油位计。

6. 冷却系统

包括冷却器或散热器、油泵、风扇等。

7. 保护装置

包括压力释放器、气体继电器、吸湿器等。

二、油浸式变压器现场检查内容

油浸式变压器现场检查的内容主要有：

（1）变压器有无不正常异声、异味。

（2）变压器油温和温度计是否正常，油枕的油位是否与温度相对应，各部分是否渗油、漏油，油色是否正常。

（3）变压器两侧母排有无悬挂物，有无变色或放电迹象，金具连接是否紧固；引线不应过松或过紧，接头接触良好，试温片有无变色或融化现象。

（4）呼吸器是否通畅；硅胶是否变色；瓦斯继电器是否充满油，瓦斯继电器内是否无气体；压力释放器、安全气道及安全膜是否完好无损。

（5）瓷瓶、套管是否清洁，有无破损、裂纹、放电痕迹及其他异常现象。

（6）主变外壳接地点接触是否良好，基础是否完整，有无下沉或水泥脱落、裂纹现象。

（7）有载分接开关的分接指示位置及电源指示是否正常。

（8）冷却系统的运行是否正常。

（9）各控制箱及二次端子箱是否关严，电缆穿孔封堵是否严密，有无受潮。

（10）变压器室温湿度调节设备工作是否正常，温湿度整定值是否正确。

（11）警告牌悬挂是否正确，各种标志是否齐全明显。

（12）变压器试验记录是否齐全。

三、油浸式变压器缺陷分级

（一）紧急缺陷包括以下几种情况

1. 变压器本体

（1）漏油（漏油形成油流；漏油速度每滴时间＜5s且油位低于下限）。

（2）油温过高（强迫油循环风冷变压器的最高上层油温超过85℃；油浸风冷和自冷变压器上油温超过95℃）。

（3）冒烟、着火。

（4）声响异常（内部有放电或爆裂声）。

2. 变压器净油器

漏油（漏油形成油流；漏油速度每滴时间＜5s且油位低于下限）。

3. 变压器呼吸器

堵塞。

4. 变压器气体继电器

（1）漏油（漏油速度每滴时间＜5s）。

（2）重瓦斯动作。

5. 储油柜

漏油（漏油形成油流；漏油速度每滴时间＜5s且油位低于下限）。

6. 冷却系统（强油循环）

（1）漏油（漏油形成油流；漏油速度每滴时间＜5s且油位低于下限）。

（2）冷却器全停。

（3）潜油泵渗油（负压区渗油）。

（4）控制箱进水（造成直流接地、回路短路、元器件进水等）。

7. 冷却系统（风冷）

（1）漏油（漏油形成油流；漏油速度每滴时间＜5s且油位低于下限）。

（2）控制箱进水（造成直流接地、回路短路、元器件进水等）。

8. 冷却系统（自冷）

漏油（漏油形成油流；漏油速度每滴时间＜5s且油位低于下限）。

9. 压力释放阀

（1）漏油（漏油速度每滴时间＜5s或形成油流）。

（2）接点发信（针对压力释放投跳的主变）。

10. 升高座

漏油（漏油形成油流；漏油速度每滴时间＜5s且油位低于下限）。

11. 无载调压装置

漏油（漏油形成油流；漏油速度每滴时间＜5s且油位低于下限）。

12. 有载调压装置

（1）漏油（漏油形成油流；漏油速度每滴时间＜5s且油位低于下限）。

（2）内部有异常声响（有载开关在非调节过程中发出异常声响）。

（3）操动机构滑挡。

（4）机构箱进水（造成直流接地、回路短路、元器件进水等）。

（5）有载气体继电器漏油（漏油速度每滴时间＜5s）。

（6）有载重瓦斯动作。

（7）有载储油柜漏油（漏油形成油流）。

（8）有载开关呼吸器堵塞。

（9）有载开关压力释放阀漏油（漏油速度每滴时间＜5s或形成油流）。

13. 本体端子箱

进水（造成直流接地、回路短路、元器件进水等）。

14. 主变套管

（1）渗油（套管表面有滴油且油位过低），若与本体连接处渗油或纯磁套管的渗油参照主变本体油箱渗油判别依据。

（2）瓷套末屏异常（末屏接地不良引起放电）。

（3）瓷套破损、开裂。

（4）瓷套严重污秽放电（瓷套放电超过第一裙）。

（5）套管发热（$\delta \geqslant 95\%$或热点温度＞80℃）。

15. 导电回路

（1）线夹松动（线夹与设备连接平面出现缝隙，螺丝明显脱出，引线随时可能脱出）。

（2）线夹损坏（线夹破损断裂严重，有脱落的可能，对引线无法形成紧固作用）。

（3）引线断股或松股（截面损失达 25%以上）。

（4）接头、线夹、引线发热（金属导线：$\delta \geqslant 95\%$或热点温度＞110℃；接头和线夹：$\delta \geqslant 95\%$或热点温度＞130℃）。

16. 在线油色谱检测装置

接头漏油（漏油形成油流；漏油速度每滴时间＜5s 且油位低于下限）。

17. 在线滤油装置

油管漏油（漏油形成油流；漏油速度每滴时间＜5s 且油位低于下限）。

（二）重要缺陷包括以下内容

1. 变压器本体

（1）漏油（漏油速度每滴时间＜5s，且油位接近下限）。

（2）接地体连接不良（连接螺丝松动等引起）。

2. 净油器

漏油（漏油速度每滴时间＜5s，且油位接近下限）。

3. 呼吸器

（1）硅胶筒玻璃破损。

（2）硅胶变色（硅胶潮解全部变色）。

4. 气体继电器

（1）渗油（渗油部位有油珠，渗油速度每滴＞5s 或未形成油滴点，且油位正常）。

（2）轻瓦斯发信。

（3）防雨措施无或破损。

5. 储油柜

（1）漏油（漏油速度每滴时间＜5s，且油位接近下限）。

（2）隔膜、胶囊破损。

6. 油位计（表）

（1）油位过低（油位低于正常油位的下限，油位可见）。

（2）油位计破损。

7. 冷却系统（强油循环）

（1）漏油（漏油速度每滴时间＜5s，且油位接近下限）。

（2）冷却器故障（故障数达到冷却器总数的 1/3 及以上，将可能引起主变油温明显上升）。

（3）潜油泵故障（潜油泵马达故障、声音异常、振动等）。

（4）潜油泵渗油（非负压区渗油）。

（5）风扇故障（风扇停转、风扇电机故障等）。

（6）油流继电器指示不正确（指示方向指示相反或无指示）。

（7）散热片（管）严重污秽（同等负荷、环境温度情况下，油温明显高于历史值）。

（8）冷却器切换试验无法进行（冷却器交流总电源无法进行切换）。

（9）冷却器电源故障（冷却器Ⅰ段电源故障或Ⅱ段电源故障）。

（10）控制箱空开合不上（总电源空开合不上）。

（11）控制箱进水（未造成直流接地、回路短路、元器件进水等）。

8. 冷却系统（风冷）

（1）漏油（漏油速度每滴时间＜5s，且油位接近下限）。

（2）风扇故障（风扇停转、风扇电机故障等）。

（3）散热片（管）严重污秽（同等负荷、环境温度情况下，油温明显高于历史值）。

（4）冷却器切换试验无法进行（冷却器交流总电源无法进行切换）。

（5）冷却器电源故障（冷却器Ⅰ段电源故障或Ⅱ段电源故障）。

（6）控制箱空开合不上（总电源空开合不上）。

（7）控制箱进水（未造成直流接地、回路短路、元器件进水等）。

9. 冷却系统（自冷）

（1）漏油（漏油速度每滴时间＜5s，且油位接近下限）。

（2）散热片（管）严重污秽（同等负荷、环境温度情况下，油温明显高于历史值）。

10. 压力释放阀

（1）漏油（漏油速度每滴时间＜5s，且油位接近下限）。

（2）接点发信（针对压力释放不投跳的主变）。

11. 测温装置

（1）温度计指示不正确（与实际温度差值≥10°或无指示变化）。

（2）现场温度计与监控系统温度不一致（任一项≥10°）。

（3）温度计破损。

（4）温度计接点发信。

12. 升高座

（1）漏油（漏油速度每滴时间＜5s，且油位接近下限）。

（2）小瓷套破损。

13. 无载调压装置

漏油（漏油速度每滴时间＜5s，且油位接近下限）。

14. 有载调压装置

（1）漏油（漏油速度每滴时间＜5s，且油位接近下限）。

（2）内部渗油。

（3）有载开关拒动（传动轴脱落、卡涩、电源缺相、接触器故障、电机故障等）。

（4）操动机构空开合不上。

（5）调档时操动机构空开跳开。

（6）机构箱进水（未造成直流接地、回路短路、元器件进水等）。

（7）有载气体继电器渗油（渗油部位有油珠，渗油速度每滴＞5s 或未形成油滴点，且油位正常）。

（8）有载轻瓦斯发信。

（9）防雨措施无或破损。

（10）有载储油柜漏油（渗油速度每滴＜5s）。

（11）有载开关油位过高（油位高于正常油位的上限或可能由内渗引起）。

（12）有载开关油位过低（油位低于正常油位的下限，油位可见）。

（13）有载开关油位计破损。

（14）有载开关呼吸器硅胶筒玻璃破损。

（15）有载开关呼吸器硅胶变色（硅胶潮解全部变色）。

（16）有载开关压力释放阀渗油（渗油部位有油珠，渗油速度每滴＞5s 或未形成油滴点）。

（17）有载开关压力释放阀接点发信。

15. 本体端子箱

进水（未造成直流接地、回路短路、元器件进水等）。

16. 主变套管

（1）渗油（套管表面有滴油但油位正常），若与本体连接处渗油或纯磁套管的渗油参照主变本体油箱渗油判别依据。

（2）油位过高（油位高于正常油位的上限或内渗引起）。

（3）油位计破损。

（4）瓷套严重污秽放电（瓷套放电较为严重，但未超过第一裙）。

（5）套管发热（$\delta \geqslant 80\%$ 或热点温度 $>55℃$ 的为重要缺陷）。

17. 导线回路

（1）引线断股或松股（截面损失达 7% 以上，但小于 25%）。

（2）接头、线夹、引线发热（金属导线：$\delta \geqslant 80\%$ 或热点温度 $>80℃$；接头和线夹：$\delta \geqslant 80\%$ 或热点温度 $>90℃$）。

18. 在线油色谱检测装置

接头漏油（漏油速度每滴时间 $<5s$，且油位接近下限）。

19. 在线滤油装置

（1）油管漏油（漏油速度每滴时间 $<5s$，且油位接近下限）。

（2）油泵故障。

（3）电源故障。

（4）装置报警。

（5）面板无显示。

（6）指示灯熄灭。

（7）不能自动启动滤油工作（未按照装置预先设定的起动条件进行工作）。

（三）一般缺陷包含以下内容

1. 共同问题

（1）渗油（渗油部位有油珠，渗油速度每滴 $>5s$ 或未形成油滴点，且油位正常）。

（2）锈蚀。

2. 变压器本体

声响异常（外部附件松动引起）。

3. 呼吸器

（1）油封油过多/过少（呼吸器油封油位不得超过最高线/呼吸器油封油位不得低于最低线）。

（2）油杯玻璃破损。

（3）硅胶变色（硅胶潮解变色部分超过总量的 2/3 或硅胶自上而下变色）。

4. 油位计（表）

（1）油位过高（油位高于正常油位的上限）。

（2）油位模糊（油位指示不清晰）。

（3）油位异常发信（现场油位正常）。

5. 冷却系统（强油循环）

（1）冷却器故障（故障数少于冷却器总数的 1/3，且主变油温低于 85℃，不影响主变继续运行，未造成主变油温明显上升）。

（2）风扇故障（风扇风叶碰壳、脱落、破损或声音异常）。

（3）冷却器切换试验无法进行（冷却器交流总电源无法进行切换）。

（4）控制箱空开合不上（单组冷却器分路电源空开合不上）。

（5）控制箱指示灯不亮。

（6）控制箱光字牌不亮。

（7）控制箱外壳锈蚀。

（8）控制箱密封不良。

（9）控制箱受潮（机构箱电缆孔封堵不严，机构箱门密封圈老化，导致箱内空气湿度较大，箱内设备表面有湿气，影响机构箱内二次回路的绝缘性能，金属部件也容易锈蚀）。

（10）控制箱加热器损坏（包括加热器电源失去、自动控制器损坏、加热电阻损坏等）。

6. 冷却系统（风冷）

（1）风扇故障（风扇风叶碰壳、脱落、破损或声音异常）。

（2）冷却器切换试验无法进行（单组冷却器工作方式无法进行切换）。

（3）控制箱空开合不上（单组冷却器分路电源空开合不上）。

（4）控制箱指示灯不亮。

（5）控制箱光字牌不亮。

（6）控制箱密封不良。

（7）控制箱受潮（机构箱电缆孔封堵不严，机构箱门密封圈老化，导致箱内空气湿度较大，箱内设备表面有湿气，影响机构箱内二次回路的绝缘性能，金属部件也容易锈蚀）。

（8）控制箱加热器损坏（包括加热器电源失去、自动控制器损坏、加热电阻损坏等）。

7. 测温装置

（1）温度计指示不正确（与实际温度差值≥5°＜10°指示可变化）。

（2）现场温度计与监控系统温度不一致（≥5°且＜10°）。

（3）温度计指示看不清。

8. 有载调压装置

（1）操动机构计数器故障（机构动作后指示无变化或变化错误）。

（2）机构箱密封不良。

（3）机构箱受潮（机构箱电缆孔封堵不严，机构箱门密封圈老化，导致箱内空气湿度较大，箱内设备表面有湿气，影响机构箱内二次回路的绝缘性能，金属部件也容易锈蚀）。

（4）机构箱加热器损坏（包括加热器电源失去、自动控制器损坏、加热电阻损坏等）。

（5）有载开关油位模糊（油位指示不清晰）。

（6）现场油位正常但有载开关油位异常发信。

（7）有载开关呼吸器油封油超过最高线或低于最低线。

（8）有载开关呼吸器油杯玻璃破损。

（9）有载开关呼吸器硅胶变色（硅胶潮解变色部分超过总量的 2/3 或硅胶自上而下变色）。

9. 本体端子箱

（1）密封不良。

（2）受潮（机构箱电缆孔封堵不严，机构箱门密封圈老化，导致箱内空气湿度较大，箱内设备表面有湿气，影响机构箱内二次回路的绝缘性能，金属部件也容易锈蚀）。

（3）加热器损坏（包括加热器电源失去、自动控制器损坏、加热电阻损坏等）。

10. 主变套管

（1）油位过低（油位低于正常油位的下限，油位可见）。

（2）油位模糊（油位指示不清晰）。

（3）套管发热（温差不超过 10K）。

11. 导电回路

（1）引线断股或松股（截面损失低于 7%）。

（2）接头、线夹、引线发热（温差不超过 15K）。

12. 灭火装置

（1）感温线故障。

（2）喷淋管道阀门故障。

（3）自动喷淋控制故障。

13. 在线油色谱检测装置、在线电气监测装置

（1）电源故障。

（2）面板无显示。

（3）指示灯熄灭。

（4）装置报警。

如图 3-9 所示，其变压器套管发热，其缺陷等级为紧急缺陷。

图 3-9　主变套管发热

第三节 干式变压器检查

一、干式变压器的基本结构

干式变压器采用空气冷却，结构比油浸式变压器简单，结构如图3-10所示。

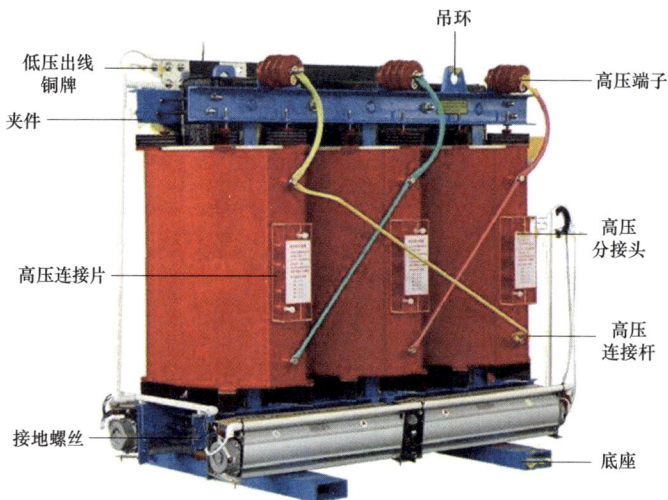

图 3-10 干式变压器结构图

1. 铁芯部分

采用厚度小于或等于0.3mm高导磁优质晶粒取向冷轧钢片材料或非晶合金材料叠积而成，主要起骨架作用。

2. 绕组部分

通常采用优质一级无氧铜导线（箔）绕制而成，它是变压器的心脏。

3. 冷却系统

干变风机，起冷却作用。

4. 测量仪器

干式变压器温控器，它主要作用：启动风机、报警和跳闸。一般的温控器都是出厂设置好的，不需要重新设置。

二、干式变压器现场检查的内容

（1）检查变压器输入、输出电压、电流是否正常，三相电压电流是否平衡，有无过载现象。

（2）检查变压器声音是否正常，有无放电声，柜体震动是否过大。

（3）检查变压器套管、绕组树脂绝缘外表层是否清洁、有无爬电痕迹和碳化现象。

（4）变压器高低压套管引线接地紧密无发热，并无裂纹及放电现象。

（5）检查紧固件、连接件、导电零件及其他零件有无生锈、腐蚀的痕迹及导电零件接触是否良好；检查电缆和母线有无异常。

（6）检查风冷系统的温度箱中电气设备运行是否正常及信号系统有无异常。

（7）检查变压器底座、变压器室电缆接地线等接地是否良好。

（8）检查变压器温度是否正常，是否有过热现象。用红外测温仪检查接触器部位及外壳温度有无过热现象。

（9）检查变压器电缆绝缘表面有无爬电痕迹和碳化现象。

（10）检查变压器风机，温控设备以及其他辅助器件是否良好。

（11）检查变压器是否清洁，是否有足够的散热空间。

（12）检查变压器配电保护装置是否足够及完好，开关跟负载和电缆是否存在不匹配问题。

（13）检查风扇自动启停正常，风机运转时，无异常震动、无异常噪声和异常温升，电动机无异常发热。

（14）变压器试验记录是否齐全。

（15）检查温度控制器，其温显与实际温度一致。

（16）各控制箱及二次端子箱是否关严，电缆穿孔封堵是否严密，有无受潮。

三、干式变压器缺陷分级

（一）紧急缺陷

变压器本体：

（1）响声异常，有放电声（响声明显异常增大，或存在局部放电响声）。

（2）外部开裂。

（3）有焦味。

（4）接头、线夹、引线发热（金属导线：$\delta \geqslant 95\%$或热点温度＞110℃；接头和线夹：$\delta \geqslant 95\%$或热点温度＞130℃）。

（二）重要缺陷

1. 变压器本体

（1）响声异常，响声明显增大。

（2）绕组温度过高（A级绝缘的绕组温度＞95℃，E级绝缘的绕组温度＞110℃，B级绝缘的绕组温度＞120℃，F级绝缘的绕组温度＞145℃，H级绝缘的绕组温度＞175℃，C级绝缘的绕组温度＞210℃）。

（3）接头、线夹、引线发热（金属导线：$\delta \geqslant 80\%$或热点温度＞80℃的；接头和线夹：$\delta \geqslant 80\%$或热点温度＞90℃）。

2. 测温装置

（1）指示温度与实际温度不符（指示温度与红外测温数值相差15℃以上）。

（2）无指示或损坏，如图3-11所示。

图3-11 干式变压器测温装置无指示

（3）检验不合格。

3. 通风装置

电源故障。

4. 冷却装置

风扇故障（风扇停转、风扇电机故障等）。

（三）一般缺陷

1. 变压器本体

接头、线夹、引线发热（金属导线、接头和线夹：温差不超过 15K）。

2. 通风装置

指示灯熄灭。

3. 冷却装置

风扇故障（风扇风叶碰壳、脱落、破损或声音异常）。

第四章

高压开关柜检查

在 10～35kV 系统中，通常将同一回路的开关电器、测量电器、保护电器和辅助设备等都装在一个或两个全封闭或半封闭的金属柜中，做接受、分配电能及控制之用。设计时可根据电气主接线要求选择不同电路的成套配电柜，组合成整个配电装置。采用这种高压开关柜可以使得结构紧凑、占地面积小；所有电器元件已在工厂组装成一体，大大减少现场安装工作量；运行可靠性高，维护方便。但耗用钢材较多，造价较高。高压开关柜有固定式和手车式两种。其中手车式是将断路器及其操作机构装在小车上，如图 4-1 所示，正常运行时

图 4-1 手车式开关柜

将手车推入柜内，断路器通过隔离触头与母线及出线相连接，检修时可将小车拉出柜外，很方便，并可用相同规格的备用小车，使电路很快恢复供电。固定式开关柜的断路器、熔断器、负荷开关、互感器等设备固定安装在柜体内，如图4-2所示。其中装有负荷开关和熔断

图 4-2　固定式开关柜

器的开关柜也称环网柜。高压柜的安全关系到用户用电安全，同时也影响电网的安全运行。本章侧重介绍手车式高压开关柜的检查。

第一节　高压开关柜柜体检查

一、手车式高压开关柜结构

图4-3为手车式高压开关柜结构图。母线室布置在开关柜的背面上部，用作安装布置三相高压交流母线并通过支路母线实现与静触头连接的作用。母线全部用绝缘套管塑封。断路器室内安装了特定的导轨，供断路器手车在内滑行与工作。手车能在工作位置、试验位置之间移动。静触头的隔板安装在手车室的后壁。手车从试验位置移动到工作位置过程中，隔板自动打开，反方向移动手车的话，隔板则完全复合，保障了操作人员的安全。电缆室内可安装电流互感器、接地开关、避雷器（或过电压保护器）、零序互感器以及电缆等设备。继电器室内，安装有端子排、微机保护控制回路直流电源开关、微机保护工作直流电源、储能电机工作电源开关（直流或交流），以及特殊要求的二次设备；在继电器室的面板上，安装有微机保护装置、开关操作把手、保护出口压板、仪表、状态指示灯等。

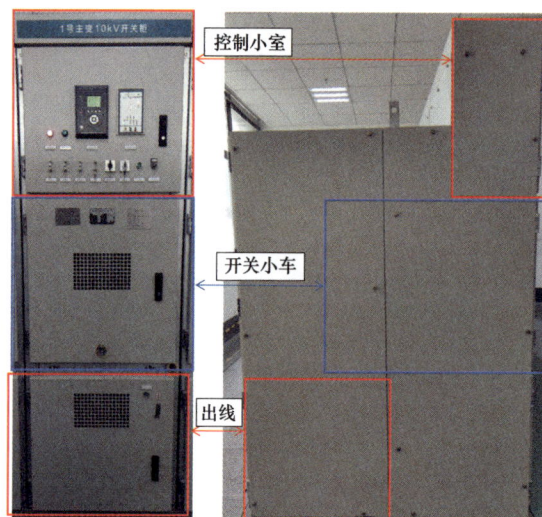

图4-3　手车式高压开关柜结构图

二、高压开关柜的功能分类

高压开关柜按作用可分为电源进线柜、出线柜、计量柜、母联柜、母线设备柜等。各柜体的主要作用如下：

（1）电源进线柜：电源进线开关柜，用于接收电能。用户内部故障时能自动切除故障，一般有时间延时，使保护动作有选择性。

（2）出线柜：配电系统的出线开关柜，带下级用电设备。

（3）计量柜：对供电的电量进行测量和记录的，里面装有TV、TA和电能表等。

（4）母联柜：当系统有两路电源进线，且两路互为备用时，需要将两路电源的主母线进行联通，联通两段母线的开关柜叫母联柜，注意：母联柜与两路进线柜一般禁止同时闭合，以免造成用户侧高压合环运行。

（5）母线设备柜：主要安装母线电压互感器及避雷器。

三、高压开关柜柜体现场检查的主要内容

（1）检查开关柜屏上指示灯、带电显示器、指示仪表、计量仪表及继电保

护器等是否正常。

（2）检查柜内各类导电体、电气设备有无过热、闪络、异味、振动等异常现象。

（3）检查五防联锁装置是否可靠，操作是否灵活。

（4）检查柜内照明是否正常，通过观察窗检查，一次铜排表面有无腐蚀、变色现象，电缆有无放电现象，观察窗上是否有水汽，所有绝缘件是否完整，有无损伤、裂纹、放电痕迹，电压、电流互感器表面是否清洁，是否有损伤、裂纹、放电痕迹。

（5）检查各连接点是否紧密，各接点有无腐蚀现象。

（6）检查开关柜接地是否牢靠，接地线无断股及腐蚀现象。

（7）检查柜体的封闭性能及防小动物措施是否完好。

（8）检查试验报告是否齐全、有效。

四、高压柜体设备缺陷分级

（一）紧急缺陷包括以下内容

1. 开关柜本体
（1）放电严重（开关柜内有明显的放电声并伴有放电火花，烧焦气味等）。

（2）机械闭锁失灵（易引起误操作）。

2. 手车
（1）无法定位（手车无法保持在要求的位置可能导致带负荷拉闸）。

（2）机械闭锁失灵（易引起误操作）。

（3）无法拉出（无法将手车摇至试验、检修位置）。

（4）无法推进（无法将手车摇至试验、工作位置）。

（5）二次触头接触不良（导致储能电源无法储能，开关控制回路无法分合闸）。

（6）动静触头不到位（动静触头无法接触或插入深度、接触面积达不到产品技术规定要求，无法运行）。

（7）触头变形（动静触头无法咬合，开关手车无法摇至工作位置）。

3. 母线
（1）发热、温升过高（$\delta \geqslant 95\%$ 或热点温度 $>110℃$）；如图4-4所示。

图4-4　母线发热灼烧痕迹

（2）绝缘部件破损、开裂、有放电声、有严重电晕。

（二）重要缺陷包括以下内容

1. 开关柜本体

（1）柜体发热（温度≥70℃或环境温度不大于40℃时的温升≥30K）。

（2）声音异常。

（3）异味。

（4）带电显示器故障（带电显示作为五防判据，其故障会导致电动操作失灵或五防失灵）。

（5）柜门锁坏（造成无法加挂五防机械锁，导致防误功能点缺失）。

（6）密封式充气柜低气压告警。

2. 手车

（1）设备状态指示不正确（易引起运行人员误判断）。

（2）闭锁失灵（会造成点位五防功能缺失）。

（3）防误挡板松脱（挡板出现晃动或单侧松脱）。

（4）辅助接点接触不良造成其他装置异常。

3. 母线

（1）发热、温升过高（$\delta \geqslant 80\%$ 或热点温度＞80℃）。

（2）放电声异常。

4. 熔断器

（1）接触不良（与正常相比接触面明显偏小，红外测温显示温度明显高于正常相）。

（2）熔断器锈蚀、破损如图 4-5 所示。

图 4-5　熔断器锈蚀、破损

（三）一般缺陷包括以下内容

1. 开关柜本体

（1）指示灯异常。

（2）加热器故障。

（3）温湿度控制器失灵。

（4）只作为带电指示的带电显示仪故障。

（5）未造成防误功能缺失的柜门锁坏。

（6）出线柜柜体内没有底板，如图 4-6 所示。

（7）照明灯不亮。

（8）观察窗模糊不清、破损。

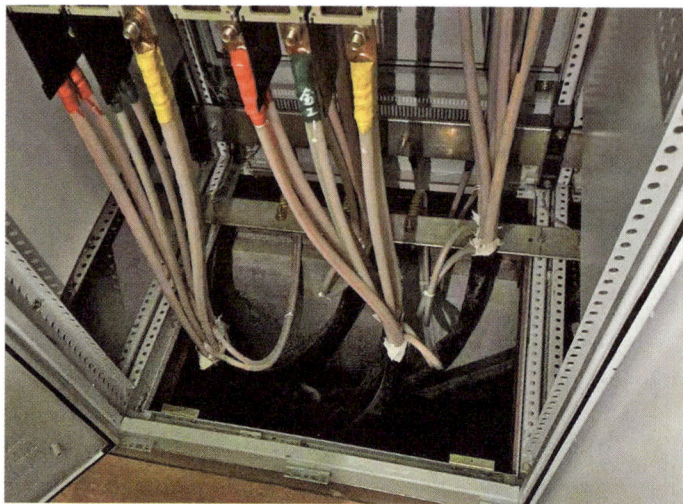

图 4-6 开关柜没有底板

2. 手车

（1）机构卡涩引起操作过重，但可完成操作。

（2）指示不到位，但可以辨认出设备的状态。

（3）辅助接点接触不良但未影响防误功能、保护装置等的正常运行。

3. 母线

（1）相色漆、热缩套脱落，但仍可辨认相别，不影响设备运行。

（2）发热、温升过高（温差不超过 15K）。

第二节 高压开关设备检查

一、高压开关设备

高压开关设备是指额定电压在 1kV 及以上，主要用于开断和关合导电回路的电器，是高压开关与其相应的控制、测量、保护、调节装置以及辅件、外壳和支持等部件及其电气和机械的联结组成的总称，是接通和断开回路、切除和隔离故障的重要控制设备。本节侧重介绍 10～35kV 开关设备。

二、高压开关设备的常见种类

（1）高压断路器：在设备正常运行时，高压断路器主要用于接通或切断负荷电流；在设备发生故障或严重过负荷时，高压断路器可用于自动、迅速地切断故障电流（借助继电保护装置），以防止事故扩大。高压断路器主要由导电回路、灭弧室、外壳、绝缘支体、操作和传动机构等部分组成，手车式断路器结构如图4-7所示，其中真空开关灭弧室结构如图4-8所示。

图4-7　手车式断路器结构

图4-8　真空开关灭弧室结构

（2）高压隔离开关：隔离高压电源，并形成明显可见的间隔，以保证其他电气没备能够安全检修。但因隔离开关没有灭弧设置，因而不能接通和切断负荷电流，只能接通或断开较小电流。隔离开关如图4-9所示。

图4-9　室内隔离开关

（3）高压负荷开关：在高压配电装置中，负荷开关是专门用于接通和断开负荷电流的电气设备；在装有脱扣器时，在过负荷的情况下也能自动跳闸。但其仅具有简单的灭弧装置，因此不能切断短路电流。在大多数情况下，负荷开关与高压熔断器串联，借助熔断器切除短路电流，如图4-10所示。

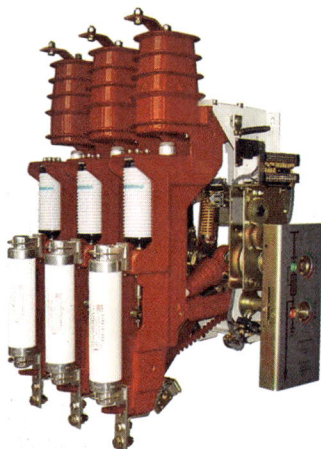

图4-10　高压负荷开关及熔断器

（4）高压熔断器是常用的一种保护电器。其结构简单，广泛用于配电装置中，常用作保护线路、变压器及电压互感器等设备。高压熔断器由熔体、支持金属体的触头和保护外壳三个部分组成，串接在电路中。若电路发生超负荷或短路故障，当故障电流超过熔体的额定电流时，熔体会被迅速加热熔断，从而切断电流防止故障扩大，如图4-11所示。

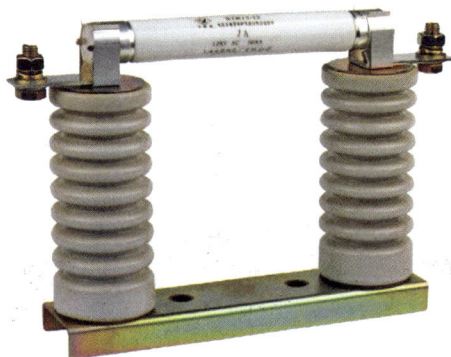

图4-11　高压熔断器

三、高压开关设备现场检查的主要内容

（1）开关机械位置与灯光位置指示一致，且与远方指示相符，如图4-12所示。

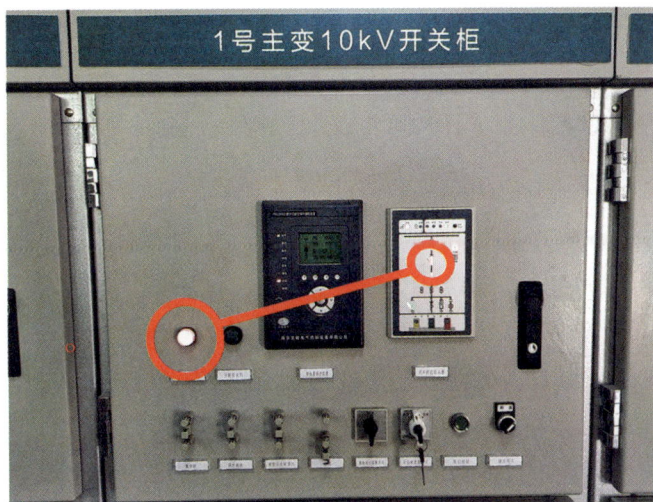

图4-12 开关机械位置与灯光位置指示一致

（2）开关各接头紧固，无过热变色现象，无异常声音。

（3）开关储能指示正常，弹簧储能操动机构储能正常，如图4-13所示。

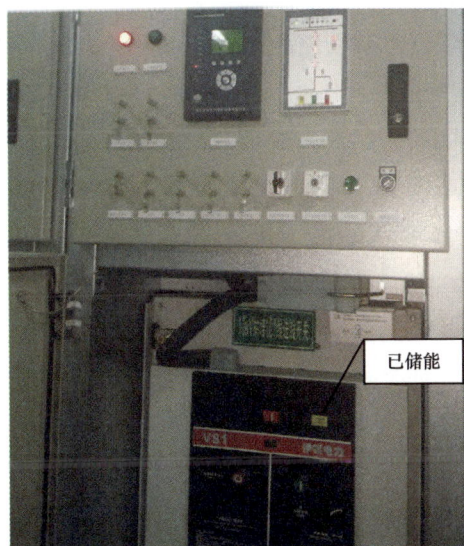

图4-13 弹簧储能操动机构储能正常

（4）开关端子箱、操动机构各路电源运行正常，箱内接线无过热、烧焦现象。

（5）SF_6压力在正常范围内，无泄漏现象。

（6）开关机械部分无变形及松动现象。

四、高压开关设备缺陷分级

（一）紧急缺陷包括以下内容

1. 真空断路器本体

（1）拒分、拒合。

（2）非正常分、合。

（3）控制回路断线（控制回路断线、辅助开关切换不良或不到位）。

（4）导电接头发热（热图像的热点温度≥110℃或δ≥95%）。

（5）绝缘拉杆脱落、断裂。

（6）绝缘拉杆放电（绝缘拉杆上有放电电弧并伴有放电声和放电痕迹）。

（7）波纹管破损。

2. SF_6断路器本体

（1）拒分、拒合。

（2）非正常分、合。

（3）控制回路断线（控制回路断线、辅助开关切换不良或不到位）。

（4）由于机构原因重合闸未动作。

（5）声音异常（如：漏气声、振动声、放电声）。

（6）防爆膜变形或损坏。

（7）SF_6气体管道、接头破损（SF_6气体管道破坏性损伤，管道有裂缝，并导致SF_6气体泄漏）。

（8）导电接头发热（热图像的热点温度≥110℃或δ≥95%）。

（9）绝缘拉杆、连杆脱落、断裂。

（10）SF_6低压力闭锁（SF_6气体压力值小于压力闭锁值，闭锁设备操作，导致拒分或拒合）。

3. 电磁机构

（1）机构卡涩，拐臂、连杆脱落或断裂导致断路器拒分拒合。

（2）连杆裂纹（裂纹明显且有发展趋势，操作时有断裂可能）。

（3）分合闸线圈及接触器烧毁。

4. 弹簧机构

（1）弹簧断裂或有裂纹。

（2）无法储能。

（3）连杆脱落。

（4）分合闸线圈烧毁。

5. 套管

（1）套管有断裂、裂纹。

（2）套管有放电声。

6. 液压机构

（1）严重漏油、喷油。

（2）漏氮。

（3）油压到零。

（4）油泵电机故障。

（5）分、合闸闭锁。

（6）分、合闸线圈烧毁。

7. 气动机构

（1）频繁打压。

（2）泄压安全阀故障。

（3）空气压缩机故障（只有一台，以致不能建压）。

（4）分、合闸闭锁。

（5）传动皮带故障。

（6）分合闸线圈烧毁。

（7）空压泵气管破损。

8. 机构箱及辅助设备

热继电器损坏（电机无法启动，断路器无法储能）。

9. 隔离开关主刀

（1）拒分、拒合。

（2）瓷瓶破损（有开裂、放电声或严重电晕）。

10. 导电回路

（1）触头、线夹、接线座、软连接发热（热图像的热点温度≥110℃或$\delta \geq$95%）。

（2）触指弹簧断裂。

（3）连接引线断股（导线的截面损失达25%及以上）。

（4）线夹松动、脱落、损坏。

11. 传动部分

（1）电动操作失灵（电动无法完成操作，且不具备手动操作条件）。

（2）转动机构卡阻。

（3）机械闭锁失灵。

（二）重要缺陷包括以下内容

1. 真空断路器本体

（1）分合闸指示脱落或不正确（分合指示与实际状态相反，易造成误判断）。

（2）导电接头发热（热图像的热点温度≥80℃或$\delta \geq 80\%$）。

2. SF_6断路器本体

（1）分合闸指示不正确。

（2）SF_6气体管道、接头破损（SF_6气体管道机械性损伤，明显变形，未破裂）。

（3）导电接头发热（热图像的热点温度≥80℃或$\delta \geq 80\%$）。

（4）SF_6低压力报警（SF_6气体压力值小于低压力报警值，大于压力闭锁值，未闭锁设备操作）。

（5）SF_6压力表密封不良（造成SF_6泄漏、表计漏油，如图4-14所示）。

3. 电磁机构

连杆裂纹（连杆上有可见细微裂纹，但开关能够正常分合操作）。

4. 液压机构

油压低告警。

5. 机构箱及辅助设备

（1）电缆孔洞未封堵或封堵不严。

（2）机构箱进水。

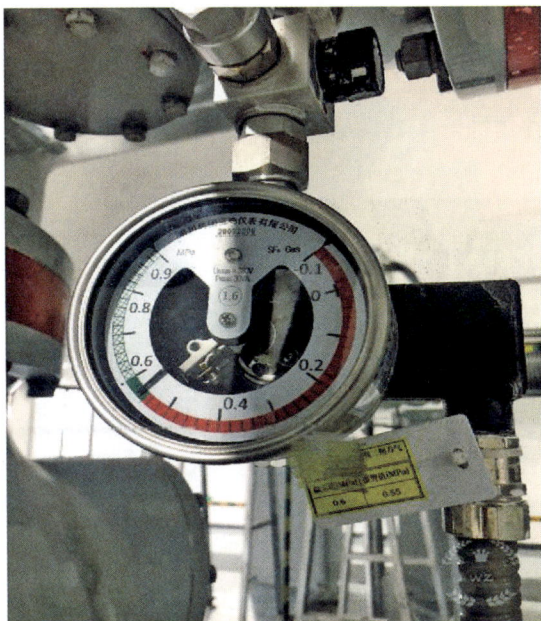

图 4-14 SF₆气体泄漏

（3）辅助（行程）开关异常。

（4）电源闸刀、空气开关故障。

（5）热继电器异常。

（三）一般缺陷包括以下内容

1. 断路器本体

（1）分合闸指示偏位或不清（分合指示出现晃动或由于老化、锈蚀等原因模糊不清，但仍可见且能正确反应设备实际状态）。

（2）金属部件锈蚀。

（3）导线接头发热（相间温差不超过 10K）。

（4）SF_6 气体管道、接头破损（仅针对 SF_6 断路器，SF_6 气体管道浅表性受损，不影响设备运行）。

2. 弹簧机构

（1）储能机构异常（电机运转时噪声明显增大，但可以完成储能，不影响设备运行）。

（2）连杆锈蚀。

（3）储能指示不正确。

3. 液压机构

（1）金属部件锈蚀。

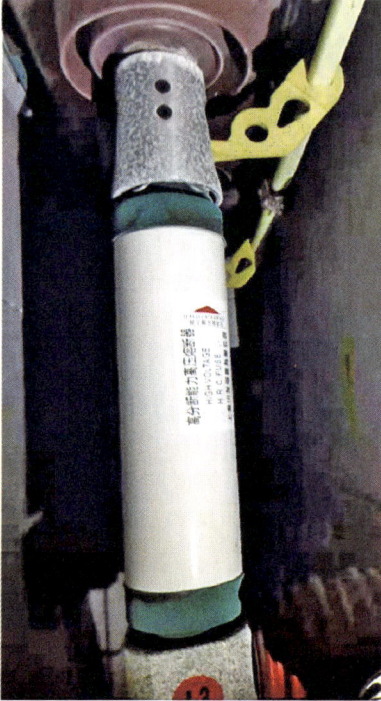

图4-15 熔断器锈蚀

（2）渗油。

（3）油位过高、过低、模糊。

（4）油泵电机异常（电机运转时噪声明显增大，但可以完成储能，不影响设备运行）。

4. 隔离开关主刀

（1）金属部件锈蚀。

（2）分闸不到位。

（3）构架开裂（不影响闸刀设备正常运行）。

5. 机构箱及辅助设备

（1）机构箱密封不良、受潮。

（2）加热器故障、温湿度控制器失灵。

（3）照明灯不亮。

如图4-15所示，其熔断器锈蚀，其缺陷等级为一般缺陷。

第三节 高压互感器检查

一、高压互感器设备的作用

高压互感器包括高压电流互感器和高压电压互感器，它们的作用是：① 对低电压的二次系统与高电压的一次系统实施电气隔离，保证工作人员的安全。② 将一次回路的高电压和大电流变为二次回路的标准值，使测量仪表和继电器小型化和标准化；使二次设备的绝缘水平按低电压设计，从而结构轻巧，价格便宜。③ 当电路上发生短路时，保护测量仪表的电流线圈，使其不因系统流过大电流而损坏。

二、电压互感器的分类

（1）按相数：单相（如图4−16所示）、三相（如图4−17所示）。

图 4−16　单相电压互感器

图 4−17　三相电压互感器

（2）按用途：计量用（如0.5、0.2级）、测量用、保护用（如3P、6P级）。

（3）按原理：电磁式、电容分压式、电子式。

（4）按绝缘介质：干式、浇注式、油浸式、SF_6气体。

（5）按绕组个数：双绕组、三绕组、四绕组。

（6）按绝缘：半绝缘、全绝缘。

三、电流互感器的分类

（1）按用途：计量用（如0.5S、0.2S级）、测量用、保护用（如5P20）。

（2）按原理：电磁式、光电式。

（3）按绝缘介质：干式、浇注式（如图4−18所示）、油浸式、SF_6气体。

（4）按安装方式：贯穿式（如图4−19所示）、支柱式（如图4−20所示）、套管式（如图4−21所示）、母线式（如图4−22所示）。

图 4–18　浇注式电流互感器

图 4–19　贯穿式电流互感器

图 4–20　户外高压支柱式电流互感器

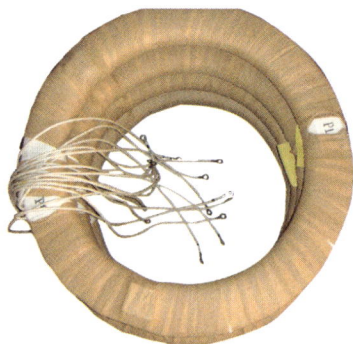

图 4–21　套管式电流互感器

图 4–22　母线式电流互感器

四、高压互感器现场检查内容

（1）互感器瓷瓶是否清洁、完整，有无损坏及裂纹，有无放电现象。

（2）互感器的油位是否正常，有无渗、漏油现象，若油位看不清，应查明原因。

（3）互感器内部声音是否正常。

（4）高压侧引线的两端头连接是否良好，有无过热。

（5）检查接地情况是否良好。

（6）核对高压互感器型号变比和现场一次接线图是否一致。

（7）检查仪表指示，二次侧仪表指示应正常。

五、高压互感器缺陷分级

（一）紧急缺陷包括以下内容

（1）漏油（油滴速度每滴时间＜5s，且油位低于下限）。

（2）内部有异常声音。

（3）冒烟、着火。

（4）外绝缘破损、开裂。

（5）本体发热（热点温度＞80℃或$\delta \geqslant 95\%$）。

（6）电流互感器二次开路、电压互感器二次短路。

（二）重要缺陷包括以下内容

（1）漏油（油滴速度每滴时间＜5s，且油位接近下限）。

（2）油位计破损。

（3）表面锈蚀严重。

（4）外绝缘放电（如图4-23所示）。

（5）本体发热（热点温度＞55℃或$\delta \geqslant 80\%$）。

（三）一般缺陷包括以下内容

（1）渗油（有油珠，渗油速度每滴＞5s或未形成油滴点，且油位正常）。

图 4-23　互感器外绝缘放电

（2）外绝缘污秽。

（3）本体发热（温差不超过 10K）。

（4）接线盒密封不良。

（5）接线盒内部受潮。

第四节　保护装置及二次回路检查

一、保护装置的作用

微机保护装置对电路中的不正常情况起到保护作用，通过接入的电流互感器，电压互感器等测量元件的信号对回路的状态进行监视，控制以及保护。当电力系统出现故障或者出现异常工作状态时，保护会自动，迅速、有效的切除故障原件，保证无故障线路正常运行。比如短路保护，过载保护，单相接地保护等。保护装置如图 4-24 所示。

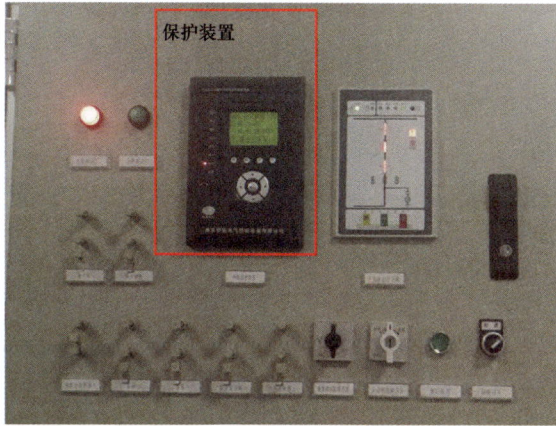

图 4-24　10kV 微机保护装置

二、保护装置及二次回路设备的基本结构

微机保护由硬件和软件两部分组成。微机保护的软件由初始化模块、数据采集管理模块、故障检出模块、故障计算模块、自检模块等组成。通常微机保护的硬件电路由六个功能单元构成，即数据采集系统、微机主系统、开关量输入输出电路、工作电源、通信接口和人机对话系统。主要具有以下保护功能：定时限/反时限保护、后加速保护、过负荷保护、负序电流保护、零序电流保护、单相接地选线保护、过电压保护、低电压保护、失压保护、负序电压保护、风冷控制保护、零序电压保护、低周减载保护、低压解列保护、重合闸保护、备自投保护、过热保护、过流保护、逆功率保护、差动保护、启动时间过长保护、非电量保护等。

三、保护装置及二次回路设备现场检查的内容

（1）检查直流系统的绝缘是否良好，各装置的工作电源是否正常。

（2）检查各断路器升关手柄位置与开关位置及灯光信号是否相对应。

（3）检查事故信号，报警信号的音响及光字牌显示是否正常。

（4）各保护及自动装置连片的投退与调度命令是否相符，各熔丝，隔离开

关，转换电器的工作状态是否与实际相符，有无异常响声。

（5）检查标记指示是否正常，有无过负荷。

（6）检查信号继电器掉牌是否在恢复位置。

（7）检查二次接线是否正常。

（8）检查继电保护及自动装置的运行状态、运行监视是否正确。

（9）检查继电保护各元件有无异常，接线是否坚固，有无过热、异味、冒烟现象。

（10）继电保护及自动装置屏上各小开关、把手的位置是否正确。

（11）检查继电保护及自动装置有无异常信号。

（12）核对继电保护及自动装置的投退情况是否符合调度命令要求。

（13）检查高频通道测试数据是否正常。

（14）检查记录有关继电保护及自动装置计数器的动作情况。

（15）微机保护的打印机运行是否正常，有无打印记录。

（16）检查微机录波保护和录波器的定值和时钟是否正常。

第五节　计量装置检查

一、计量装置的作用

用户侧电能计量装置是用于测量、记录客户用电量，与客户进行电费结算的计量器具，主要由电能表、以及与之配套的计量用电流互感器、计量用电压互感器和连接它们的二次回路、联合接线以及计量箱（柜）组成，如图 4-25 所示。

二、计量装置现场检查的内容

（1）核查用户计量装置铭牌编号与系统是否一致。

（2）检查电能表铭牌和玻璃有无熏黄痕迹。

（3）检查电能表外壳有无变形或损坏。

图 4-25 计量柜

（4）检查电能表安装情况及安装位置是否符合规范。

（5）检查有无绕越电能计量装置用电的情况。

（6）检查有无影响电能计量装置正确计量的因素。

（7）检查封印有无开启或伪造。

（8）检查电能表进出线有无短路或烧焦、破损。

（9）检查接线盒内有无烧焦痕迹。

（10）检查接线盒内电压连接片连接是否良好可靠。

（11）检查接线盒内电流、电压连接片位置是否正确并连接良好可靠。

（12）检查电压线同电源线接触良好可靠，无断线或绝缘破损，接连点绝缘包扎完好无破损。

（13）二次电压线同接线端子接触良好可靠。

（14）计量电压线同电能表（或计量接线盒）连接正确，接触良好可靠。

（15）检查电流互感器二次连线在表前无短路或开路，绝缘无破损。

（16）检查电流互感器二次连线与电能表（或电能计量专用接线盒）连接正确良好可靠。

第五章

低压柜检查

低压柜是按一定的接线方式将涉及的低压开关电器、互感器等设备进行成套组装的一种低压配电装置。低压柜检查是客户用电安全检查的重要内容，主要包括低压柜柜体检查、低压开关电器检查、低压互感器检查、低压无功补偿装置检查等。

第一节 低压柜柜体检查

低压柜的主要作用是进行电能分配，将经过变压器的电能分配到各个用电单元，用于低压配电系统中动力、照明配电之用。

一、低压柜的基本结构

低压柜按照功能的不同，可以分为进线柜、出线柜、无功补偿柜、母分柜等。低压进线柜是用来从变压器接受电能的设备（从进线到母线），一般安装有断路器、电流互感器、隔离闸刀等元器件。低压出线柜是用来分配电能的设备（从母线到各个出线），一般也安装有断路器、电流互感器、隔离闸刀等元器件。低压无功补偿柜主要器件包括电容器组、投切控制回路和熔断器等保护用电器。低压柜主要分为固定式低压柜（图5-1）和抽出式低压柜（图5-2）。

图 5-1　固定式低压柜

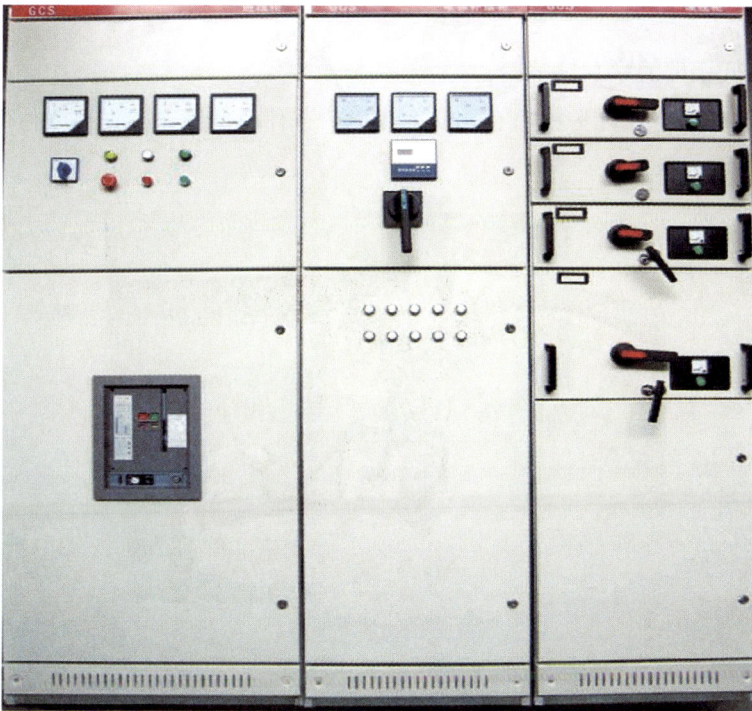

图 5-2　抽出式低压柜

二、低压柜现场检查的内容

（1）负荷分配应正常。电路中各连接点无过热现象，三相负荷、电压应平衡。电路末端电压降未超出规定。

（2）各低压设备内部应无异声、异味，表面应清洁。

（3）工作和保护接地连接良好，无锈蚀断裂现象。

（4）电压表、电流表、功率表等仪表功能应正常。

（5）柜体有无变形，锈蚀程度如何，各门、面板及锁是否完整且关闭正常。

（6）电缆孔洞是否封堵严密。

（7）出线电缆均应有开关保护，开关命名标识应规范。

（8）低压柜外壳应可靠接地。

三、低压柜缺陷分级

（1）低压柜的紧急缺陷有：

1）放电严重（开关柜内有明显的放电声并伴有放电火花，烧焦气味等），如图 5-3 所示；

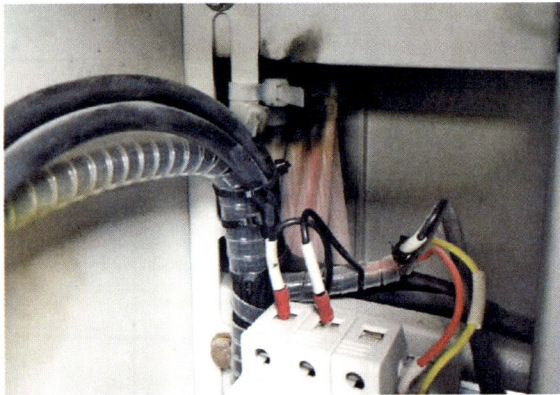

图 5-3　放电严重

2）声音异常（开关柜母线桥内有异常声音定性为紧急缺陷）。

（2）低压柜的重要缺陷有：

1）柜体发热：温度≥70℃，或温度不大于 40℃时的温升≥30K；

2）异味。由于开关柜内放电、发热引起，需引起注意，否则会影响设备安全运行；

3）低压出线无开关保护，如图 5-4 所示，出线未经开关电器引出。要求所有出线应经开关或熔丝等开关电器引出；

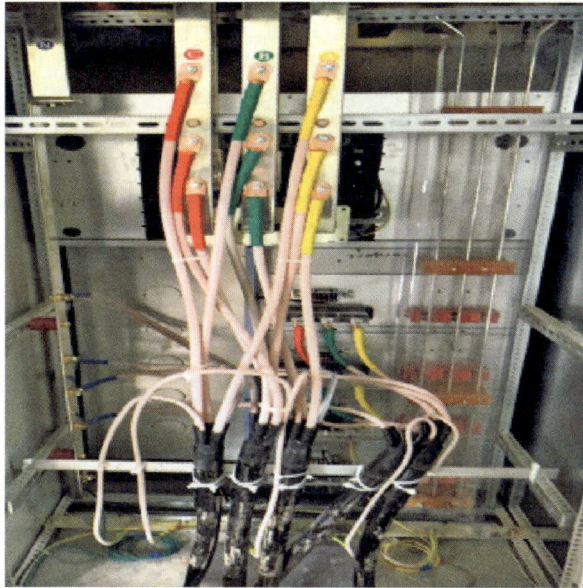

图 5-4　低压出线无开关保护

4）相色标志有误，如图 5-5 所示，隔离开关两侧相色标志不一致；

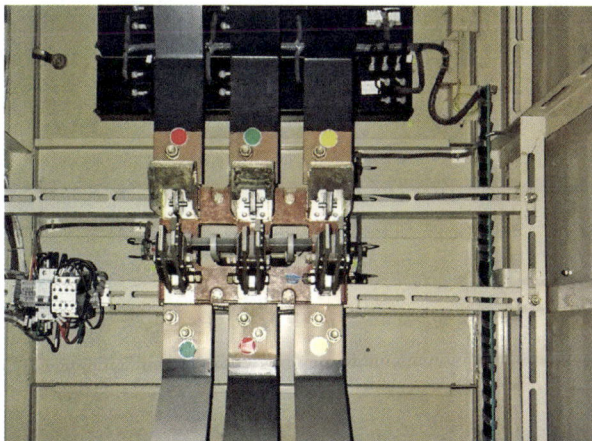

图 5-5　出线相色标志有误

63

5）零线母排未接地，如图 5-6 所示，图中零线母排末端未接地。要求低压零线母排在低压开关柜的两个末端均应接地；

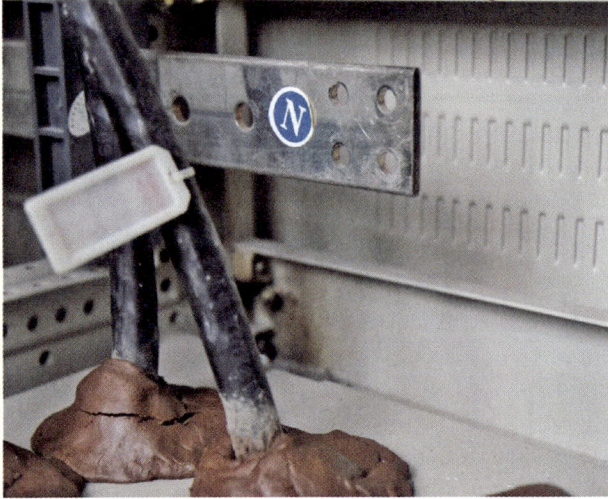

图 5-6　零线母排未接地

6）电缆孔洞未封堵或封堵不严，如图 5-7 所示。要求所有电缆孔洞均应封堵，防止小动物进出。

图 5-7　电缆孔洞未封堵

（3）低压柜的一般缺陷有：

1）指示灯异常。如图 5-8 所示，开关手柄在合闸位置，表计显示出线有电流，而合闸指示灯不亮，说明指示灯异常；

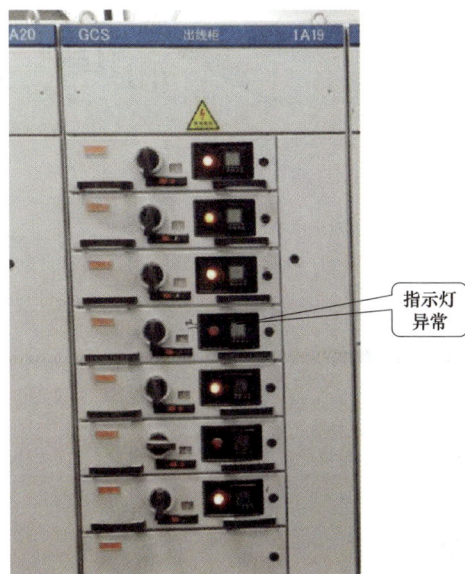

图 5-8　指示灯异常

2）测量表计指示异常。如图 5-9 所示，电流表有示数，而功率表无示数，综合指示灯和开关状态，判断功率表指示异常；

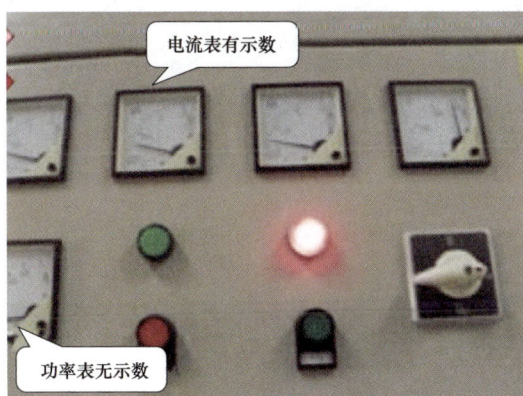

图 5-9　表计指示不正确

3）柜门损坏（柜门锈蚀、损坏等）。如图 5-10 所示，低压柜柜门损坏，不能正常开关，容易引起触电事故；

4）未铺设底板，如图 5-11 所示。

图 5-10　低压柜柜门损坏

图 5-11　低压柜未铺设底板

第二节　低压开关电器检查

一、低压开关电器的分类和结构

低压开关电器主要有低压断路器、低压隔离开关、低压熔断器、低压接触器等设备。低压断路器起到接通或分断电路中的电流的作用，主要包括框架式断路器（图 5-12）、塑壳式断路器等（图 5-13）、低压空气开关等，其载流量依次下降。低压断路器主要由触头、灭弧装置、操作机构和保护装置（各种脱扣器）等组成，可实现短路、过载、失压保护。低压隔离开关包括单投隔离开关（图 5-14）和双投隔离开关（图 5-15），通常利用隔离开关在电路中形成明显的断开点，另外也可以断开和接通 5A 以下的小电流。低压隔离开关主要由触头、操作机构、底座等组成。

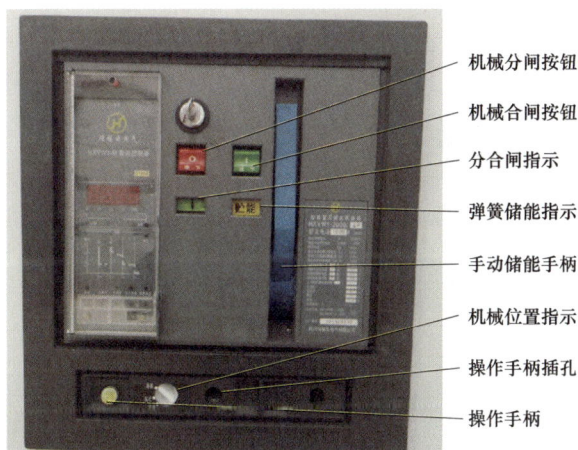

机械分闸按钮
机械合闸按钮
分合闸指示
弹簧储能指示
手动储能手柄
机械位置指示
操作手柄插孔
操作手柄

图 5-12　框架式断路器

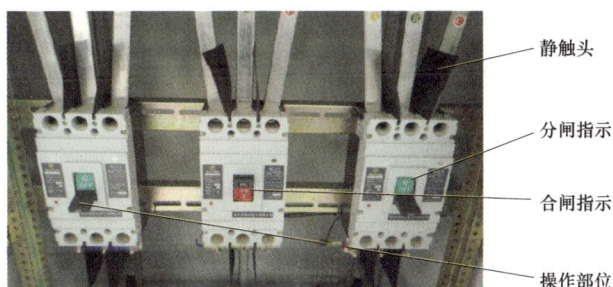

静触头
分闸指示
合闸指示
操作部位

图 5-13　塑壳式断路器

灭弧罩
动触头
静触头

固定螺栓

图 5-14　单投隔离开关

图 5-15　双投隔离开关

二、低压开关电器现场检查的内容

（1）断路器（开关）、隔离开关（刀闸）指示位置与实际一致。

（2）隔离开关灭弧罩齐全、完好无损伤。

（3）隔离开关动静触头咬合到位。

（4）各电气连接处无明显发热痕迹。

（5）断路器（开关）、隔离开关（刀闸）外观整洁、无破损。

（6）断路器绝缘隔板齐全、安装牢固。

（7）安装牢固、固定螺栓齐全。

（8）触头光洁、无毛刺。

三、低压开关电器缺陷分级

（1）低压开关电器的紧急缺陷有：

1）断路器损坏。如图 5−16 所示，断路器本体损坏，导致断路器正常分合闸功能受限；

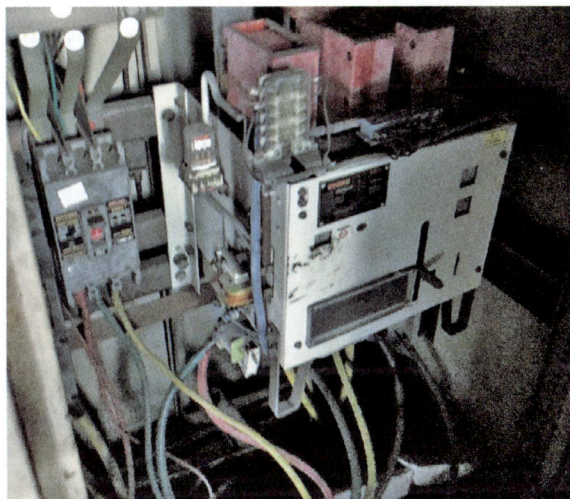

图 5−16　断路器本体损坏

2）隔离开关触头发热；

3）断路器、隔离开关拒分、拒合；

4）断路器非正常分、合（由于二次回路等原因，开关未接到指令分合闸）；

5）断路器控制回路断线。

（2）低压开关电器的重要缺陷有：

1）隔离开关分合闸指示不清（闸刀的指示的位置与实际位置相反或不一致，可能造成误判断，定性为重要缺陷）；

2）隔离开关合闸不到位。如图 5−17 所示，隔离开关合闸不到位，动静触头接触面积减少，接触电阻增大，导致温度异常升高；

3）断路器分合闸指示脱落或不正确。分合指示与实际状态相反，易造成误判断；

图 5-17　隔离开关合闸不到位

4）灭弧罩损坏。如图 5-18 所示，灭弧罩损坏后，分合闸电弧不易熄灭，可能会导致触头烧毁，甚至引起相间短路。

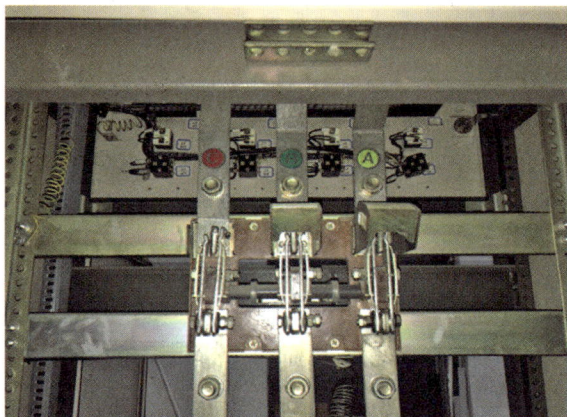

图 5-18　灭弧罩损坏

（3）低压开关电器的一般缺陷有：

1）隔离开关操作过重，不灵活；

2）隔离开关分合闸指示不清。分合闸指示模糊或脱落，但闸刀分合闸位置直观的定性为一般缺陷；

3）隔离开关分闸不到位；

4）断路器、隔离开关金属部件锈蚀。部件表面有生锈的斑点，表面的油漆或镀锌层被破坏；

5）断路器分合闸指示偏位或不清。分合指示出现晃动或由于老化、锈蚀等原因模糊不清，但仍可见且能正确反应设备实际状态。

第三节 低压互感器检查

在低压系统中，由于电压低，电压量往往可以直接测量或接入自动装置，因此常见的低压互感器只有低压电流互感器。低压电流互感器是依据电磁感应原理将一次侧大电流转换成二次侧小电流来测量的装置，使测量仪表及工作人员避免与大电流回路直接接触，从而保证仪表及人身的安全。

一、低压互感器的基本结构

电流互感器由相互绝缘的一次绕组、二次绕组、铁芯以及构架、壳体、接线端子等组成。穿心式电流互感器（图 5-19）其本身结构不设一次绕组，载流（负荷电流）导线穿过由硅钢片擀卷制成的圆形（或其他形状）铁芯起一次绕组作用。二次绕组直接均匀地缠绕在圆形铁芯上，与仪表、继电器、变送器等电流线圈的二次负荷串联形成闭合回路。

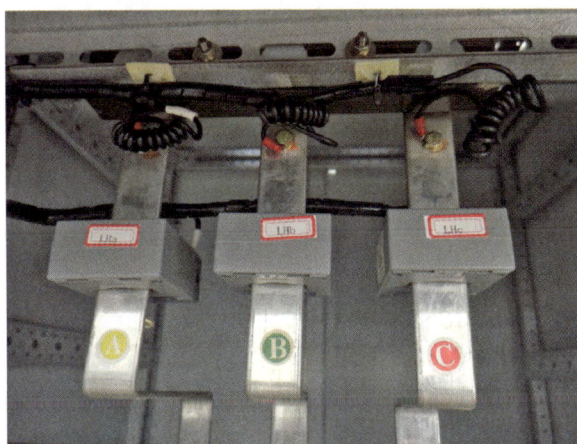

图 5-19 穿心式电流互感器

二、低压互感器现场检查的内容

（1）安装符合要求。

（2）本体无裂纹、破损、外表整洁。

（3）绝缘良好，无放电痕迹。

（4）一、二次接线正确，接地符合要求。

（5）所有连接螺栓齐全、紧固。

三、低压互感器缺陷分级

（1）低压互感器的紧急缺陷有：

1）内部有异常声音（内部有放电或爆裂声）；

2）冒烟、着火；

3）外绝缘破损、开裂。

（2）低压互感器的重要缺陷有：

1）外绝缘放电；

2）互感器未安装牢固，如图 5−20 所示。

图 5−20　互感器未固定

（3）低压互感器的一般缺陷有：

1）表面积灰；

2）无相色标志。

第四节　无功补偿装置检查

无功补偿装置在电力系统中的主要作用在于提高电网的功率因数，降低供电变压器及输送线路的损耗，提高供电效率，改善供电环境。

一、无功补偿装置的基本结构

无功补偿装置（图 5-21）主要由并联在一起的电容器组、投切控制回路和熔断器等保护用电器组成。

图 5-21　无功补偿装置

二、无功补偿装置现场检查的内容

（1）电容器经常运行电压在正常运行范围内，不得超过额定电压的 5%，短时运行电压不得超过 10%。

（2）电容器经常运行电流不得超过额定值电流的 130%（包括谐波电流），而三相不平衡电流不应超过 10%。

（3）各电气连接无发热现象。

（4）熔断器无熔断或断路器无跳闸。

（5）电容器内部有无不正常声响、有无放电痕迹。

（6）现场功率因数达到要求。

（7）自动无功补偿控制仪运行正常，设置符合要求。

（8）电容器应接地良好，无胀肚现象，外壳应无渗油和严重锈蚀。

三、无功补偿装置缺陷分级

（1）无功补偿装置的紧急缺陷有：

1）内部有异常声音（内部有放电或爆裂声）。

2）冒烟、着火。

3）外绝缘破损、开裂。

4）熔断器放不上、取不下（造成操作中断）。

5）熔断器熔断（造成非全相运行，需要立即更换）。

（2）无功补偿装置的重要缺陷有：

1）电容器渗漏油。如图 5-22 所示，电容器表面及周边有明显油渍；

图 5-22　电容器漏液

2）电容器鼓肚。如图 5-23 所示，电容器外壳明显鼓肚；

3）电容器有异响；

4）熔丝座、熔丝接头温升异常。单台电容器接头温度超过相邻五台平均温度 15K；

5）熔断器接触不良。与正常相比接触面明显偏小，红外测温显示温度明显高于正常相；

6）功率因数不达标。如图 5-24 所示，160kVA 以上的高压供电工业用户

图 5-23　电容器胀肚

（包括社队工业用户）、装有带负荷调整电压装置的高压供电电力用户和 3200kVA 及以上的高压供电电力排灌站功率因数应不低于 0.9。

（3）无功补偿装置的一般缺陷有：

1）电容器鼓肚，即电容器外壳轻微鼓肚；

2）电容器外壳损伤，如电容器外壳锈蚀、表层涂料脱落等；

3）控制装置指示灯显示不正确。如图 5-25 所示。

图 5-24　功率因数不达标

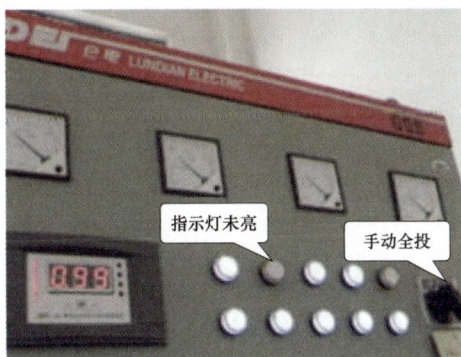

图 5-25　控制装置指示灯显示不正确

第六章

客户变电站管理

客户变电站作为电力系统的一个重要组成部分，其安全稳定运行关系国家安全和人民群众公共利益。为保障客户变电站安全、经济、可靠运行，满足生产实际需求，适应现代化的管理需要，需加强对客户变电站缺陷、反事故措施、电气设备的预防性试验及电能质量等的管理，确保客户变电站管理工作满足规范化、标准化、制度化、统一化的要求。

第一节　客户变电站缺陷管理

客户变电站设备缺陷管理是电力系统设备管理的一项重要内容，通过规范变电站常见缺陷的描述和定性，有利于提高缺陷分析管理水平，确保设备安全稳定运行，适应标准化管理的要求。

一、缺陷等级划分

变电一次设备缺陷等级划分为紧急、重要和一般缺陷三类。变电一次设备缺陷等级的划分原则如下：

（1）紧急缺陷：设备或建筑物发生了直接威胁安全运行并需立即处理的缺陷，否则，随时可能造成设备损坏、人身伤亡、大面积停电、火灾等事故。

（2）重要缺陷：对人身或设备有重要威胁，暂时尚能坚持运行但需尽快处理的缺陷。

（3）一般缺陷：上述紧急、重要缺陷以外的设备缺陷，指性质一般，情况较轻，对安全运行影响不大的缺陷。

二、缺陷管理

用户应对运行监控、巡视、检修以及试验等工作中发现的设备缺陷进行分类管理：

（1）随时可能造成设备损坏、人身伤亡、大面积停电、火灾等事故的缺陷为紧急缺陷，紧急缺陷应立即采取措施处理。

（2）对人身或设备有严重威胁、暂时尚能坚持运行但需尽快处理的缺陷为重要缺陷，重要缺陷应尽快（一个月内）消除，并在处理前采取相应防范措施。

（3）情况较轻、对安全运行影响较小、可列入年度或季度检修计划中加以消除的缺陷为一般缺陷，一般缺陷应制定消除计划，并按计划处理。

缺陷处理验收后，运行人员应完成消缺记录，并定期开展设备缺陷分析工作。

第二节　客户变电站反事故措施

客户变电站的安全运行管理是电力系统安全管理的重要组成部分，为防止为使突发停电事件能得到有效处置，预防并最大限度地减少突发停电情况下带来的影响和损失，客户应当制定反事故预案并定期开展演练。

（1）用户应当及时编制电力反事故预案，预案内容包括客户基本用电信息、供电电源、应急电源配置、应急保供电组织机构、备品备件及安全工器具清单、反事故措施准备、用户供电电源联络及内部重要负荷接线示意图、问题和危险点及防控措施、应急处置预案和典型操作票等。

（2）为使突发停电事件能得到有效处置，预防并最大限度地减少停电事件带来的影响和损失，用户应定期开展反事故演习。

（3）客户变电站反事故措施预案见图6-1。

××县人民医院

反 事 故 措 施 预 案

编制单位：××县人民医院

2021 年 01 月 01 日

图 6-1　某县人民医院反事故预案（一）

××县人民医院反事故措施预案

目　录

图6-1 某县人民医院反事故预案（二）

一、供电电源

1. 供电方式

10kV 双电源供电，运行方式：两路主供，互为备用。

2. 供电电源信息

主供电源 1：110kV××变电站和 110kV××变电站双向送出的 10kV××线→××开闭所人民医院 2804 线出线间隔→××县人民医院人民医院 2804 线进线隔离柜。

主供电源 2：110kV××变 10kV××线 45 号杆→××县人民医院××线进线隔离柜，见图 6-2。

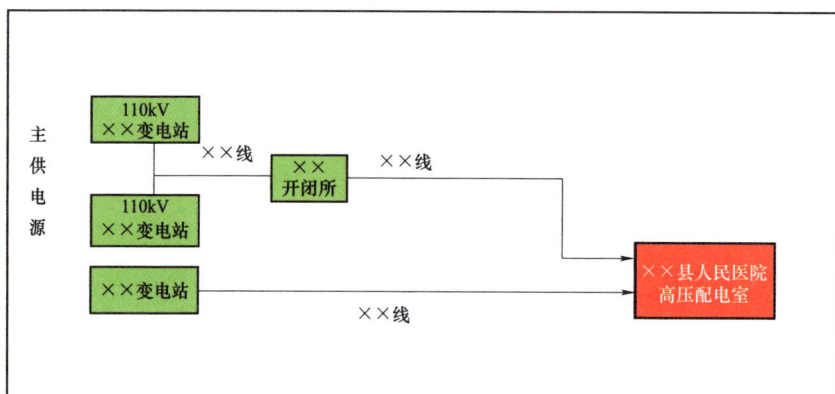

图6-2　××县人民医院供电电源联络图

二、客户用电信息

1. 用电基本信息（见表 6-1）

表6-1　　　　　客 户 基 本 状 况

户号	××××××××××	客户名称		××县人民医院		
用电地址	浙江省××市××县×××					
合同容量	5200kVA（2×1000kVA＋2×1600kVA）	用电类别	非工业	行业分类		医院

2. 正常运行方式

10kV 双电源供电，××开闭所 10kV 人民医院××线运行，110kV××变电站 10kV××线运行；10kV 母分开关断开，联络柜手车拉至检修位置；低压联络闸刀冷备用。

3. 主要电气设备及参数（见表 6-2）

表 6-2　　　　　　　　　　　　主要电气设备及参数

设备		型号	规格	备注
1 号变压器		SCB10-1600/10	1600kVA	干式变
2 号变压器		SCB10-1600/10	1600kVA	干式变
3 号变压器		SCB10-1000/10	1000kVA	干式变
4 号变压器		SCB10-1000/10	1000kVA	干式变
高压开关柜		KYN28-12	10kV	12
环网柜		SIMOSEC-12	10kV	4
直流屏		GZDW220	220V	2
低压配电柜	总柜	HYDS		4
	出线柜	HYDS		19
	电容柜	HYDS		240kvar×4+300kvar×2
低压出线电缆	ICU 病房	NH-YJV		4×95+1×50
	手术室	NH-YJV		4×185+1×95
	血透室	NH-YJV		4×25+1×16
	手术室净化设备 1			
	手术室净化设备 2			
	消防电梯	NH-YJV		4×25+1×16
	消控室	NH-YJV		4×25+1×16
	消防泵	NH-YJV		4×25+1×16

4. 保电重要负荷（序位表）（见表 6-3）

表 6-3 保电重要负荷基本信息

序位	重要场所及机构	主要负荷名称	重要性定级	容量（kW）	出线开关
1	ICU 病房	呼吸机等	二级	60	馈电柜 9 号 ICU 病房开关
2	手术室	照明、呼吸机等	二级	104	馈电柜 13 号手术室开关
3	血透室	血液净化设备等	二级	50	馈电柜 9 号血透室开关
4	消防电梯	电梯	二级	36	馈电柜 9 号消防电梯开关
5	消控室	卷帘电机	二级	30	馈电柜 10 号消控室开关
6	消防泵	水泵	二级	22	馈电柜 10 号消火栓泵开关

三、应急电源配置（见表 6-4）

表 6-4 应急电源配置信息

自备应急电源现状	不并网自备发电机 750kW

四、保障团队（见表 6-5～表 6-8）

表 6-5 供电方：××县供电公司应急领导机构组成及职责表

名称	组成人员	主要职责	联系方式
总指挥			

表6-6 国网××县供电公司保供电指挥中心构成及职责表

专业小组	职责	负责人	联系方式
营销管理组	负责突发停电期间有序用电工作、协调用户保供电工作		
电网保障组	负责电网故障抢修工作；负责开关站应急倒电操作		
电网调度组	负责配电网调度值班		
物资供应组	负责应急抢修等物资供应工作		
宣传报道组	突发停电期间对外新闻联络发布		

表6-7 国网××县供电公司保电现场保供电工作人员构成及职责

姓名	岗位	职责	联系方式
	保供电负责人	全面协调现场保供电工作，负责联系客户侧电气负责人	
	发电车操作负责人员	负责现场保供电值守，指导客户运行值班	
值班室			

表6-8 用电方：××县人民医院供电保障成员织构成及职责

姓名	岗位	职责	联系方式

五、备品备件及安全工器具清单（见表6-9）

表6-9 备品备件及安全工器具

序号	备品名称	数量	规格	存放位置	备注
1	低压备用开关	4	200A、100A	专用存储区域	数量充足
2	绝缘手套	4	10kV	配电房划定区域	试验有效期内
3	绝缘靴	4	10kV	配电房划定区域	试验有效期内
4	验电笔	2	10kV	配电房划定区域	试验有效期内

序号	备品名称	数量	规格	存放位置	备注
5	接地线	2	10kV	配电房划定区域	试验有效期内
6	接地棒	2	10kV	配电房划定区域	试验有效期内
⋮					

六、应急保供电准备

（1）为确保××县人民医院的应急保供电工作万无一失，各职能部门和各级保供电人员应做好各项前期工作，并按照"定人、定岗、定点、定时、定责"的五定原则，积极落实现场保供电各项措施，配备必要的现场抢修力量。

（2）国网××县供电公司和××县人民医院之间通力合作，按照"安全第一、预防为主、综合治理"的原则，加强安全管理，定期进行安全检查，及时发现和消除事故隐患，有效防止停电事件的发生。

（3）××县人民医院应重视自身的保安备用电源的规划、建设，配备相应容量的自备发电机，以保证突发停电时重要负荷的正常用电。

（4）××县人民医院应加强对值班电工的管理，做好产权设备的巡视检查，并做好记录，同时，结合供电部门开具的隐患通知书，对发现的隐患及时落实资金和人员进行消缺，保证设备的安全运行。

（5）各相关部门和保供电用户应积极开展事故应急演练，熟练掌握各类预案和相关操作，并实现各类预案的衔接与协调，确保启动迅速、处置得当。

（6）预案编制完成后，应邀组织内部相关部门进行评估、会审，并邀请上级专家对保供电开展工作以及各类预案进行联合检查和评估。

七、用户供电电源联络及内部重要负荷接线示意图

用户供电电源联络及内部重要负荷接线示意图见图6-3。

人民医院××线　　　　　　　　　　××线45#杆

10kV母线

0.4kV母分

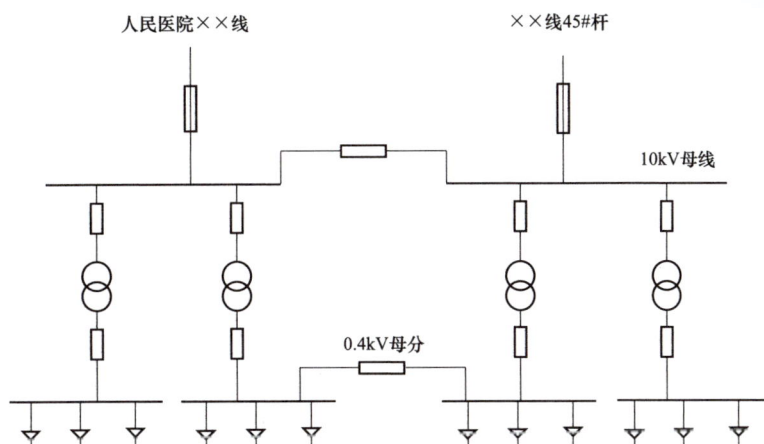

图6-3　用户供电接线示意图

八、问题、危险点及防控措施（见表6-10）

表6-10　　　　　　　　　　问题、危险点及防控措施

序号	问题分类	存在的问题及危险点	防控措施
1	用户责任类	客户配电设备接线复杂，值班电工对情况不熟悉，突发停电时不能及时处理	客户加强值班电工培训，并定期开展停电应急演练
2		安全工器具未定期送检	定期开展用电检查，提醒并督促客户按时送检
3		低压自动切换装置维护不到位，停电时无法自动切换	定期对低压自动切换进行检查和试验，建立相关记录；客户要做好非电应急保障措施

九、应急处置预案

当外部电源故障时，用户现场电工班班长××（联系电话）和供电负责人××（联系电话）应密切配合，按照"安全第一，快速反应、统一指挥，协同配合、先期处置，保证重点"的原则启动相应的应急预案，组织人员按照产权归属和职责分工完成相关应急处置。以下相关处置均由现场保供电负责人组织落实。

（1）××县人民医院为双电源用户，两路电源分别接人民医院××线和××线，当人民医院××线（或××线）失压时，负荷末端低压自动切换装置动作，将负荷从主供电源切换到备用电源，如低压自动切换装置不能准确动作，由××县人民医院当值电工手动切换低压母线，负荷由另一台变压器供电。（倒闸操作票附后）

（2）当人民医院××线、××线两路电源同时失压时，客户自备发电机延迟 10s 后自动投入，自备发电机保电范围为 ICU 病房等重要负荷（具体见重要负荷序位表），如发电机无法正常启动，需由应急发电车供电。应急发电车 25min 后到达××县人民医院，车辆停放在用户高压配电房门口，发电车电缆接入发电机进线总柜预留接口位置，在发电机启动并稳定运行后，当值电工立即合上发电机进线总柜开关（发电车典型操作卡附后）。

（3）当故障处理完成后，恢复至原方式运行。

十、典型操作票目录（见表 6−11）

表 6−11　　　　　　　　　　典 型 操 作 票

编号	操作票名称	操作任务	执行权限
CZP−1	0.4kV 供电电源切换	当人民医院××线（或××线）失压时，负荷末端低压自动切换装置不能准确动作，需手动切换低压母线联络	用户值班电工
CZP−2	发电车就位、试发、核相操作	发电车就位、试发、核相	发电车操作人
CZP−3	发电车投入操作票	当人民医院××线和××线同时失压，由发电车带所有重要负荷	用户值班电工发电车操作人

1. 用户典型操作票

上述用户内部应急处置预案在供电部门指导下编制，并经供用电双方协商确认（见表 6−12～表 6−14）。

表 6−12　　　　用户典型操作票（0.4kV 供电电源切换）

操作票名称	0.4kV 供电电源切换		
操作任务	当人民医院××线（或××线）失压时，负荷末端低压自动切换装置不能准确动作，需手动切换低压母线联络		
发令人		接令人	
开始时间	月　　日　　时　　分	结束时间	月　　日　　时　　分

续表

操作步骤

序号	内容	打勾
1	检查 1 号配变（或 4 号变）负荷情况，确认低压负荷已停用	
2	拉开 1 号变（或 4 号变）0.4kV 出线柜所有空开，并确认	
3	拉开 1 号配变（或 4 号变）0.4kV 总开关	
4	检查 1 号配变（或 4 号变）0.4kV 总开关确在断开位置	
5	将 1 号配变（或 2 号变）0.4kV 开关放到检修状态，并确认	
6	合上 0.4kV 母线联络开关	
7	按重要负荷序位表逐一合上 0.4kV 空开，并确认	
⋮		

注意事项：

1. 由用户高配值班电工操作，用检人员进行指导、监护。

2. 操作过程中如有意外情况应向现场负责人汇报，并得到明确指示后再操作。

应急处置及操作评价：

操作人		监护人	

2. 发电车典型操作卡（发电车就位、试发、核相操作、发电机投入）

表6-13　发电车典型操作卡（发电车就位、试发、核相操作）

操作卡名称	发电车就位、试发、核相操作				
操作任务	发电车就位、试发、核相				
发令人			接令人		
开始时间	月　　日　　时　　分		结束时间	月　　日　　时　　分	

操作步骤

序号	内容	打勾
1	发电车停入预定位置	
2	打开发电车电缆仓门，施放连接电缆至预先留置的发电车接口处	
3	连接电缆至发电车接入闸刀的下桩头并检查接触可靠	
4	连接电缆至发电机电源输出端子并检查接触可靠	
5	启动发电车的柴油机并检查无异常	
6	合上电源开关，查看仪表显示正常	
7	在发电车接口处测电压并核相正常	
8	关闭电源开关，查看仪表无电压指示	
9	关停发电车的柴油机并检查无异常	
⋮		

注意事项：
1. 由现场保供电人员按照预定位置就位并连接发电车侧发电车电缆头，由用户电工连接用户侧发电车电缆头。
2. 操作过程中如有意外情况应向现场负责人汇报，并得到明确指示后再操作。
3. 保供电现场涉及用户配合事宜由现场保供电负责人负责联络。
备注：
发电车冷备用状态：柴油机没有启动，电源开关处于断开状态；
发电车热备用状态：柴油机运行，电源开关处于断开状态；
发电车运行状态：柴油机运行，电源开关处于合闸状态。

应急处置及操作评价：

操作人		监护人	

3. 发电车典型操作卡（发电机投入操作票）

表 6-14　　　　　　　发电车典型操作卡（发电机投入操作票）

操作票名称	发电机投入操作票				
操作任务	当人民医院××线、××线两路电源同时失压时，客户自备发电机无法正常启动，由发电车带所有重要负荷				
发令人			接令人		
开始时间	月　　日　　时　　分		结束时间	月　　日　　时　　分	

操作步骤

序号	内容	打勾
1	检查 1 号配变和 4 号变负荷情况，确认低压负荷已停用	
2	将自备发电机启动模式调整为手动	
3	将发电车上的连接电缆接入发电机进线总柜 0.4kV 母线闸刀的下桩头	
4	发电车操作人员启动发电机	
5	发电车操作人员合上发电车上发电机电源开关，并检查	
6	用户高配值班人员合上发电机进线总柜 0.4kV 总开关，并确认	
7	按重要负荷序位表逐一合上发电机配电柜出线开关，并确认	
8	检查负荷情况，确认低压负荷已运行	
⋮		

注意事项：

应急处置及操作评价：

操作人		监护人	

第三节　预 防 性 试 验

预防性试验是电力设备运行和维护工作中的一个重要环节，是为了发现运行中设备的隐患，预防发生事故或设备损坏，对设备进行的检查、试验或监测，也包括取油样或气样进行的试验，是保证电力系统安全运行的有效手段之一。

一、预防性试验的要求

预防性试验结果应与该设备历次试验结果相比较，与同类设备试验结果相比较，参照相关的试验结果，根据变化规律和趋势，进行全面分析后做出判断。

进行耐压试验时，应尽量将连在一起的各种设备分离开来单独试验（制造厂装配的成套设备不在此限)，但同一试验电压的设备可以连在一起进行试验。已有单独试验记录的若干不同试验电压的电力设备，在单独试验有困难时，也可以连在一起进行试验，此时，试验电压应采用所连接设备中的最低试验电压。

当电力设备的额定电压与实际使用的额定工作电压不同时，应根据下列原则确定试验电压：

（1）当采用额定电压较高的设备以加强绝缘时，应按照设备的额定电压确定其试验电压。

（2）当采用额定电压较高的设备作为代用设备时，应按照实际使用的额定工作电压确定其试验电压。

（3）为满足高海拔地区的要求而采用较高电压等级的设备时，应在安装地点按实际使用的额定工作电压确定其试验电压。

进行绝缘试验时，被试品温度不应低于+5℃，户外试验应在良好的天气进行，且空气相对湿度一般不高于80%。

二、典型设备预防性试验项目与周期

（一）电力变压器预防性试验（见表 6－15）

表 6－15　　　　　　　　　　电力变压器预防性试验

序号	主要检查试验内容	试验周期
1	油中溶解气体色谱分析	大修后，必要时
2	绕组直流电阻、绕组绝缘电阻、吸收比、极化指数、绕组的 $\tan\delta$、铁芯绝缘电阻、绕组泄漏电流	1～3 年
3	极性检查	更换绕组后、必要时
4	空载电流和空载损耗	更换绕组后、必要时
5	短路阻抗和负载损耗	更换绕组后、必要时
6	测温装置及其二次回路试验	1～3 年
7	气体继电器及其二次回路试验	1～3 年
8	全电压下空载合闸	更换绕组后
9	交流耐压试验	1～5 年（10kV 及以下）、大修后（66kV 及以下）、更换绕组后、必要时

（二）电流互感器预防性试验（见表 6－16）

表 6－16　　　　　　　　　　电流互感器预防性试验

序号	主要检查试验内容	试验周期
1	绕组及末屏的绝缘电阻、$\tan\delta$ 及电容量	1～3 年
2	油中溶解气体色谱分析、交流耐压试验	1～3 年
3	极性检查	大修后、必要时
4	各分接头的变比检查	大修后、必要时
5	密封检查	大修后、必要时
6	一次绕组直流电阻测量	大修后、必要时

（三）电磁式电压互感器预防性试验（见表 6－17）

表 6－17　　　　　　　　　　电磁式电压互感器预防性试验

序号	主要检查试验内容	试验周期
1	绝缘电阻、$\tan\delta$（20kV 及以上）	1～3 年
2	交流耐压试验	3 年（20kV 及以下）、大修后、必要时

续表

序号	主要检查试验内容	试验周期
3	局部放电测量	1～3 年（20～35kV）、大修后、必要时
4	空载电流测量	大修后、必要时
5	密封检查	大修后、必要时
6	连接组别和极性	大修后、必要时
7	电压比	更换绕组后、接线变动后

（四）SF$_6$断路器预防性试验（见表6–18）

表6–18　　　　　　　SF$_6$断路器预防性试验

序号	主要检查试验内容	试验周期
1	辅助回路和控制回路绝缘电阻	1～3 年
2	断口间并联电容器的绝缘电阻、电容量和 tanδ	1～3 年
3	SF$_6$气体泄漏试验	大修后、必要时
4	耐压试验	大修后、必要时
5	辅助回路和控制回路交流耐压试验	大修后、必要时
6	合闸电阻值和合闸电阻的投入时间	1～3 年
7	断路器的速度特性、断路器的时间参量	大修后
8	分、合闸电磁铁的动作电压	1～3 年
9	导电回路电阻	1～3 年
10	分、合闸线圈直流电阻	大修后
11	SF$_6$气体密度监视器	1～3 年
12	闭锁、防跳跃及防止非全相合闸等辅助控制装置的动作性能	大修后、必要时

（五）真空断路器预防性试验（见表6–19）

表6–19　　　　　　　真空断路器预防性试验

序号	主要检查试验内容	试验周期
1	绝缘电阻	1～3 年
2	交流耐压试验	1～3 年
3	辅助回路和控制回路交流耐压试验	1～3 年
4	导电回路电阻	1～3 年

续表

序号	主要检查试验内容	试验周期
5	断路器的合闸时间和分闸时间，分、合闸的同期性，触头开距，合闸时的弹跳过程	大修后
6	操动机构合闸接触器和分、合闸电磁铁的最低动作电压	大修后
7	合闸接触器和分、合闸电磁铁线圈的绝缘电阻和直流电阻	1～3 年

（六）隔离开关预防性试验（见表 6－20）

表 6－20　　　　　　　　　隔离开关预防性试验

序号	主要检查试验内容	试验周期
1	有机材料支持绝缘子及提升杆的绝缘电阻	1～3 年
2	二次回路的绝缘电阻	1～3 年
3	交流耐压试验、二次回路交流耐压试验	大修后
4	电动、气动或液压操动机构线圈的最低动作电压	大修后
5	导电回路电阻测量	大修后
6	操动机构的动作情况	大修后

（七）高压开关柜预防性试验（见表 6－21）

表 6－21　　　　　　　　　高压开关柜预防性试验

序号	主要检查试验内容	试验周期
1	辅助回路和控制回路绝缘电阻	1～3 年
2	辅助回路和控制回路交流耐压试验	大修后
3	断路器的合闸时间、分闸时间和三相分、合闸同期性	大修后
4	断路器、隔离开关及隔离插头的导电回路电阻	1～3 年
5	绝缘电阻试验	1～3 年（12kV 及以上）
6	交流耐压试验	1～3 年（12kV 及以上）
7	带电显示装置	1 年
8	SF_6 气体泄漏试验	大修后
9	压力表及密度继电器校验	1～3 年
10	五防性能检查	1～3 年

（八）镉镍蓄电池直流屏预防性试验（见表 6 – 22）

表 6 – 22　　　　　　　　镉镍蓄电池直流屏预防性试验

序号	主要检查试验内容	试验周期
1	镉镍蓄电池组容量测试	1 年
2	蓄电池放电终止电压测试	1 年
3	各项保护检查	1 年

（九）纸绝缘电力电缆线路预防性试验（见表 6 – 23）

表 6 – 23　　　　　　　　纸绝缘电力电缆线路预防性试验

序号	主要检查试验内容	试验周期
1	绝缘电阻	在直流耐压试验之前进行
2	直流耐压试验	1～3 年

（十）橡塑绝缘电力电缆线路预防性试验（见表 6 – 24）

表 6 – 24　　　　　　　橡塑绝缘电力电缆线路预防性试验

序号	主要检查试验内容	试验周期
1	电缆主绝缘电阻、电缆外护套绝缘电阻、电缆内衬层绝缘电阻	重要电缆：1 年；一般电缆：3.6/6kV 及以上 3 年；3.6/6kV 以下 5 年
2	铜屏蔽层电阻和导体电阻比	内衬层破损进水后
3	电缆主绝缘直流耐压试验	新作终端或接头后

（十一）绝缘油和 SF$_6$ 气体预防性试验

设备和运行条件的不同，会导致油质老化速度不同，当主要设备用油的 pH 值接近 4.4 或颜色骤然变深，其他指标接近允许值或不合格时，应缩短试验周期，增加试验项目，必要时采取处理措施。

补加绝缘油时，补加油品的各项特性指标不应低于设备内的油。如果补加到已接近运行油质量要求下限的设备油中，有时会导致油中迅速析出油泥，故应预先进行混油样品的油泥析出和 $\tan\delta$ 试验。试验结果无沉淀物产生且 $\tan\delta$ 不大于原设备内油的 $\tan\delta$ 值时，才可混合。不同牌号新油或相同质量的运行中油，原则上不宜混合使用。如必须混合时应按混合油实测的凝点决定是否可用。

对于国外进口油、来源不明以及所含添加剂的类型并不完全相同的油，如需要与不同牌号油混合时，应预先进行参加混合的油及混合后油样的老化试验。油样的混合比应与实际使用的混合比一致，如实际使用比不详，则采用 1：1 比例混合。

SF_6 新气到货后，充入设备前应按 GB 12022 验收。抽检率为 3/10。同一批相同出厂日期的，只测定含水量和纯度。SF_6 气体在充入电气设备 24h 后，方可进行试验，见表 6-25。其他试验见表 6-26～表 6-32。

表 6-25　　　　　　　　　　　SF_6 试验内容及周期

序号	主要检查试验内容	试验周期
1	外观和含水量	必要时
2	击穿电压	必要时
3	$\tan\delta$	必要时
4	油中含气量	必要时

表 6-26　　　　　　　　　　阀式避雷器预防性试验

序号	主要检查试验内容	试验周期
1	绝缘电阻	1～3 年
2	电导电流及串联组合元件的非线性因数差值	每年雷雨季前
3	工频放电电压	1～3 年
4	底座绝缘电阻	1～3 年
5	检查放电计数器的动作情况	1～3 年
6	检查密封情况	大修后、必要时

表 6-27　　　　　　　　　金属氧化物避雷器预防性试验

序号	主要检查试验内容	试验周期
1	绝缘电阻	每年雷雨季前
2	直流 1mA 电压（U_{1mA}）及 $0.75U_{1mA}$ 下的泄漏电流	每年雷雨季前
3	运行电压下的交流泄漏电流	必要时
4	工频参考电流下的工频参考电压	必要时
5	检查放电计数器动作情况	每年雷雨季前

表 6-28　　　　　　　　　封闭母线预防性试验

序号	主要检查试验内容	试验周期
1	绝缘电阻	大修后
2	交流耐压试验	大修后

表 6-29　　　　　　　　　一般母线预防性试验

序号	主要检查试验内容	试验周期
1	绝缘电阻	1～3 年

表 6-30　　　　　　　　　二次回路预防性试验

序号	主要检查试验内容	试验周期
1	绝缘电阻	大修时
2	交流耐压试验	大修时

表 6-31　　　　　　　　　接地装置预防性试验

序号	主要检查试验内容	试验周期
1	有效接地系统的电力设备的接地电阻	6 年
2	非有效接地系统的电力设备的接地电阻	6 年
3	利用大地作导体的电力设备的接地电阻	1 年
4	1kV 以下电力设备的接地电阻	6 年
5	独立微波站的接地电阻	6 年
6	独立的燃油、易爆气体储罐及其管道的接地电阻	6 年
7	露天配电装置避雷针的集中接地装置的接地电阻	6 年
8	发电厂烟囱附近的吸风机及引风机处装设的集中接地装置的接地电阻	6 年
9	独立避雷针（线）的接地电阻	6 年
10	有架空地线的线路杆塔的接地电阻	1～2 年
11	无架空地线的线路杆塔接地电阻	1～2 年

表6-32 安全工器具试验项目、周期和要求

序号	器具	项目	周期	要求				说明
1	电容型验电器	A. 启动电压试验	1年	启动电压值不高于额定电压的40%，不低于额定电压的15%				试验时接触电极应与试验电极相接触
		B. 工频耐压试验	1年	额定电压（kV）	试验长度（m）	工频耐压（kV） 1min	工频耐压（kV） 5min	—
				10	0.7	45	—	
				35	0.9	95		
2	成套接地线	A. 成组直流电阻试验	不超过5年	在各接线鼻之间测量直流电阻，对于25、35、50、70、95、120mm²的各种截面，平均每米的电阻值应分别小于0.79、0.56、0.40、0.28、0.21、0.16mΩ				同一批次抽测，不少于2条，接线鼻与软导线压接的应做该试验
		B. 操作棒的工频耐压试验	5年	额定电压（kV）	试验长度（m）	工频耐压（kV） 1min	工频耐压（kV） 5min	试验电压加在护环与紧固头之间
				10	—	45	—	
				35	—	95		
3	个人保安线	成组直流电阻试验	不超过5年	在各接线鼻之间测量直流电阻，对于10、16、25mm²各种截面，平均每米的电阻值应小于1.98、1.24、0.79mΩ				同一批次抽测，不少于两条
4	绝缘杆	工频耐压试验	1年	额定电压（kV）	试验长度（m）	工频耐压（kV） 1min	工频耐压（kV） 5min	—
				10	0.7	45	—	
				35	0.9	95		
5	核相器	A. 连接导线绝缘强度试验	必要时	额定电压（kV）	工频耐压（kV）		持续时间（min）	浸在电阻率小于100Ω·m水中
				10	8		5	
				35	28		5	
		B. 绝缘部分工频耐压试验	1年	额定电压（kV）	试验长度（m）	工频耐压（kV）	持续时间（min）	—
				10	0.7	45	1	
				35	0.9	95	1	
		C. 电阻管泄漏电流试验	半年	额定电压（kV）	工频耐压（kV）	持续时间（min）	泄漏电流（mA）	—
				10	10	1	≤2	
				35	35	1	≤2	

续表

序号	器具	项目	周期	要求				说明
5	核相器	D. 动作电压试验	1年	最低动作电压应达 0.25 倍额定电压				
6	绝缘罩	工频耐压试验	1年	额定电压（kV）	工频耐压（kV）	时间（min）		—
				10 及以下	30	1		
				35	80	1		
7	绝缘隔板	A. 表面工频耐压试验	1年	额定电压（kV）	工频耐压（kV）	持续时间（min）		电极间距离 300mm
				35 及以下	60	1		
		B. 工频耐压试验	1年	额定电压（kV）	工频耐压（kV）	持续时间（min）		—
				10 及以下	30	1		
				35	80	1		
8	绝缘胶垫	工频耐压试验	1年	电压等级	工频耐压（kV）	持续时间（min）		使用于带电设备区域
				高压	15	1		
				低压	3.5	1		
9	绝缘靴	工频耐压试验	半年	工频耐压（kV）	持续时间（min）	泄漏电流（mA）		—
				15	1	≤7.5		
10	绝缘手套	工频耐压试验	半年	电压等级	工频耐压（kV）	持续时间（min）	泄漏电流（mA）	—
				高压	8	1	≤9	
				低压	2.5	1	≤2.5	
11	绝缘夹钳	工频耐压试验	1年	额定电压（kV）	试验长度（m）	工频耐压（kV）	持续时间（min）	—
				10	0.7	45	1	
				35	0.9	95	1	
12	绝缘绳	高压	每6个月1次	105kV/0.5m				—
13	低压验电器	耐压试验、启动试验	1年	低压验电器绝缘杆经 2.5kV 绝缘电阻试验，不得低于 2MΩ；启动电压为额定电压的 10%～25%				低压测电笔启辉电压为 50～90V

第四节　电 能 质 量

电能质量是指供应到客户受电端的电能品质的优劣程度，通常以电压允许偏差、电压允许波动和闪变、电压正弦波形畸变率、三相电压不平衡度、频率允许偏差等指标来衡量。电能质量的好坏，直接关系工业生产质量和人民群众美好生活的需要，必须加强对客户变电站侧的电能质量管理。

一、供电电压允许偏差

（1）在电力系统正常状况下，供电企业供到用户受电端的供电电压允许偏差为：

1）35kV 及以上电压供电的，电压正、负偏差的绝对值之和不超过额定值的 10%；

2）10kV 及以下三相供电的，为额定值的±7%；

3）220V 单相供电的，为额定值的+7%，−10%。

（2）在电力系统非正常状况下，用户受电端的电压最大允许偏差不应超过额定值的±10%。

（3）用户用电功率因数达不到供电企业规定的，其受电端的电压偏差不受此限制。

二、供电频率允许偏差

在电力系统正常状况下，供电频率的允许偏差为：

（1）电网装机容量在 300 万 kW 及以上的，为±0.2Hz。

（2）电网装机容量在 300 万 kW 以下的，为±0.5Hz。

在电力系统非正常状况下，供电频率允许偏差不应超过±1.0Hz。

三、三相电压不平衡

（1）电力系统公共连接点电压不平衡度限值为：电网正常运行时，负序电压不平衡度不超过 2%，短时不超过 4%。

（2）位于公共连接点的每个用户引起该点负序电压不平衡度允许值一般为 1.3%，短时不超过 2.6%。根据连接点的负荷状况以及邻近发电机、继电保护和自动装置安全运行要求，该允许值可适当变动。

四、电压正弦波形畸变率

电网公共连接点电压正弦波畸变率和用户注入电网的谐波电流不得超过国家标准 GB/T 14549 的规定。用户的非线性阻抗特性的用电设备接入电网运行所注入电网的谐波电流和引起公共连接点电压正弦波畸变率超过标准时，用户必须采取措施予以消除。否则，供电企业可中止对其供电。

五、电压允许波动和闪变

用户的冲击负荷、波动负荷、非对称负荷对供电质量产生影响或对安全运行构成干扰和妨碍时，用户必须采取措施予以消除。如不采取措施或采取措施不力，达不到国家标准 GB 12326 或 GB/T 15543 规定的要求时，供电企业可中止对其供电。

六、供电质量处理

（一）供用电双方在合同中订有电压质量责任条款的，按下列规定办理

（1）用户用电功率因数达到规定标准，而供电电压超出规定的变动幅度，给用户造成损失的，供电企业应按用户每月在电压不合格的累计时间内所用的电量，乘以用户当月用电的平均电价的百分之二十给予赔偿。

（2）用户用电的功率因数未达到规定标准或其他用户原因引起的电压质量不合格的，供电企业不负赔偿责任。

（3）电压变动超出允许变动幅度的时间，以用户自备并经供电企业认可的电压自动记录仪表的记录为准，如用户未装此项仪表，则以供电企业的电压记录为准。

（二）供用电双方在合同中订有频率质量责任条款的，按下列规定办理

（1）供电频率超出允许偏差，给用户造成损失的，供电企业应按用户每月在频率不合格的累计时间内所用的电量，乘以当月用电的平均电价的百分之二十给予赔偿。

（2）频率变动超出允许偏差的时间，以用户自备并经供电企业认可的频率自动记录仪表的记录为准，如用户未装此项仪表，则以供电企业的频率记录为难。

第七章

重要电力用户检查

第一节 概念及分级

一、概念

重要电力用户是指在国家或者一个地区（城市）的社会、政治、经济生活中占有重要地位，供电中断将可能造成人身伤亡、较大环境污染、较大政治影响、较大经济损失、社会公共秩序严重混乱的用电单位或对供电可靠性有特殊要求的用电场所。对重要用户的供电电源、自备应急电源、非电性质保安措施的检查和管理是用电安全服务的重要内容。

重要电力用户的认定按电力安全事故应急处置和调查处理条例要求，由县级以上地方人民政府电力主管部门组织供电企业和用户统一开展，采取一次认定，每年审核新增和变更的重要电力用户。

二、重要电力用户的分级

根据供电可靠性的要求以及供电中断的危害程度，重要电力用户可分为特级、一级、二级重要电力用户和临时性重要电力用户。

（1）特级重要电力用户，是指在管理国家事务中具有特别重要的作用，供电中断将可能危害国家安全的电力用户。

（2）一级重要电力用户，是指供电中断将可能产生下列后果之一的电力用户：

1）直接引发人身伤亡的；

2）造成严重环境污染的；

3）发生中毒、爆炸或火灾的；

4）造成重大政治影响的；

5）造成重大经济损失的；

6）造成较大范围社会公共秩序严重混乱的。

（3）二级重要电力用户，是指供电中断将可能产生下列后果之一的电力用户：

1）造成较大环境污染的；

2）造成较大政治影响的；

3）造成较大经济损失的；

4）造成一定范围社会公共秩序严重混乱的。

（4）临时性重要电力用户，是指需要临时特殊供电保障的电力用户。

第二节　供　电　电　源

一、供电电源配置原则

重要电力用户的供电电源一般包括主供电源和备用电源。重要电力用户的供电电源应依据其对供电可靠性的需求、负荷特性、用电设备特性、用电容量、对供电安全的要求、供电距离、当地公共电网现状、发展规划及所在行业的特定要求等因素，通过技术、经济比较后确定。

重要电力用户电压等级和供电电源数量应根据其用电需求、负荷特性和安全供电准则来确定。

在地区公共电网无法满足重要电力用户的供电电源需求时，重要电力用户应根据自身需求，按照相关标准自行建设或配置独立电源。

二、技术要求

重要电力用户的供电电源应采用多电源、双电源或双回路供电。当任何一路或一路以上电源发生故障时，至少仍有一路电源能对保安负荷供电。

特级重要电力用户应采用多电源供电，如图 7-1 所示，采用三路电源供电；一级重要电力用户至少应采用双电源供电，如图 7-2 所示，采用两路电源供电；二级重要电力用户至少应采用双回路供电，即来自同一变电站同一母线的两回路电源。

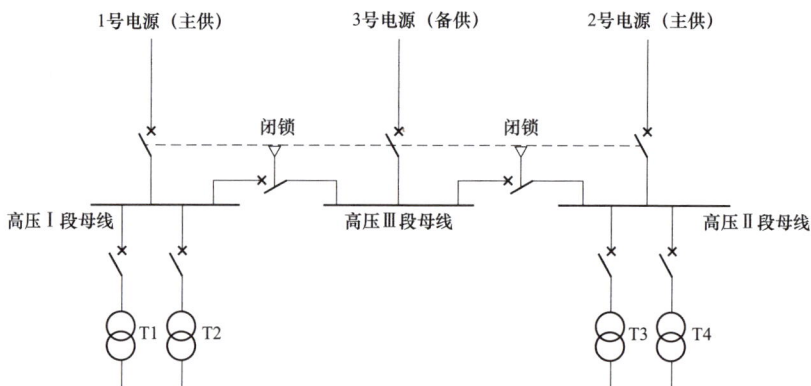

图 7-1 特级重要电力用户典型主接线

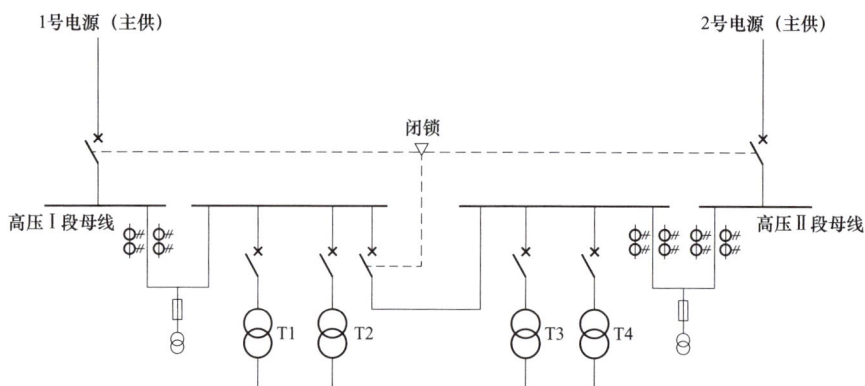

图 7-2 一级重要电力用户典型主接线

临时性重要电力用户按照用电负荷的重要性，在条件允许情况下，可以通过临时设线路或移动发电设备等方式满足双回路或两路以上电源供电条件。

重要电力用户供电电源的切换时间和切换方式应满足重要电力用户保安负荷允许断电时间的要求。切换时间不能满足保安负荷允许断电时间要求的，重要电力用户应自行采取技术措施解决。

重要电力用户供电系统应简单可靠，简化电压层级，重要电力用户的供电系统设计应按 GB 50052《供配电系统设计规范》；对电能质量有特殊需求的重要电力用户，应自行加装电能质量控制装置。

双电源或多路电源供电的重要电力用户，宜采用同级电压供电。但根据不同负荷需要及地区供电条件，也可采用不同电压供电。采用双电源的同一重要电力用户，若架空线路不应采用同杆架设；若电缆线路不宜同沟敷设供电，对于电缆线路若无法分开，则应采取隔离措施或增设电源等方式进行补强。同杆、同沟的双路供电重要电力用户，视作单电源用户，应增设电源进行补强。

第三节　自 备 应 急 电 源

一、自备应急电源的类型

在供电电源消失后，为保障重要用户保安负荷的供电，重要用户需要自备独立于供电电源的应急电源。不同自备应急电源的启动时间、容量、成本有较大差距，用户应选用合理的自备应急电源的类型，既满足保安负荷的要求，又经济可靠。常见的自备应急电源有：

（1）自备电厂。一些企业为满足生产用电需要，自己发电自己用的电厂可以作为自备应急电源。

（2）发动机驱动发电机组，包括：

1）柴油发动机发电机组。柴油发电机组是以柴油机为原动机，拖动同步发电机发电的一种电源设备。柴油发电机起动迅速，快速启动的柴油发电机一般 15s 内可以投入发电，功率大，持续运行时间长，操作维修方便，但噪声较大，尾气还会污染环境。柴油发电机组如图 7-3 所示。

图7-3　电力用户自备应急电源（柴油发电机组）

2）汽油发动机发电机组。汽油发电机组相对柴油发电机污染和噪声较少，但功率也比较小。

3）燃气发动机发电机组。燃气发电机组启动性能好，运行稳定，噪声小，但对消防、防爆、脱硫等要求较高。

（3）静态储能装置，包括：UPS、EPS、蓄电池、超级电容。此类自备应急电源启动时间短，环境污染少，成本比较好，持续工作时间短。UPS如图7-4所示。

图7-4　UPS设备图例

（4）动态储能装置（飞轮储能装置）。

（5）移动发电设备，包括装有电源装置的专用车辆和小型移动式发电机。

（6）其他新型电源装置，如氢能电源供电装置。

二、配置原则

重要电力用户均应配置自备应急电源，电源容量至少应满足全部保安负荷正常启动和带载运行的要求。重要电力用户的自备应急电源应与供电电源同步建设，同步投运，可设置专用应急母线，重要负荷和特别重要负荷接在应急母线段，当供电电源消失后，柴油发电机组等自备应急电源迅速给应急母线段供电，这样可避免切除不重要负荷的操作，提升重要用户的应急能力，如图 7-5、图 7-6 所示。

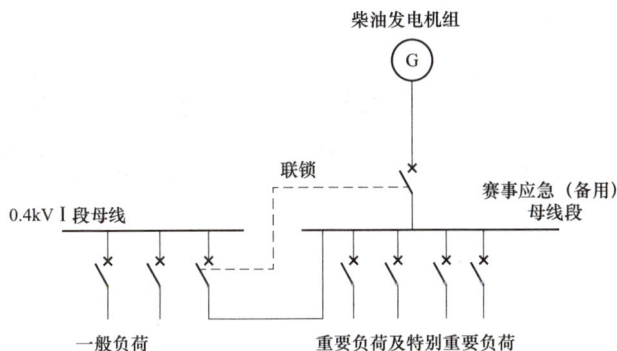

图 7-5　应急母线段接线

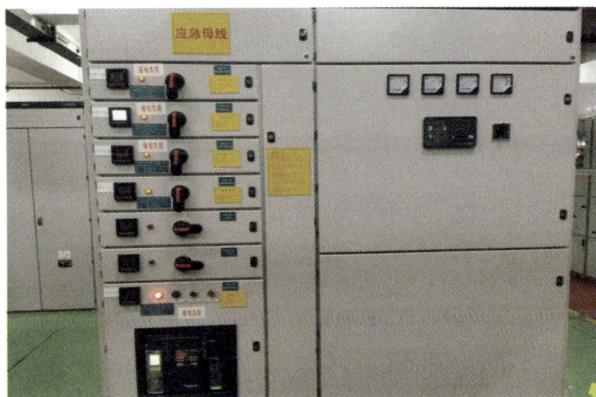

图 7-6　重要电力用户应急母线段设备

自备应急电源的配置应依据保安负荷的允许断电时间、容量、停电影响等负荷特性，综合考虑各类应急电源在启动时间、切换方式、容量大小、持续供电时间、电能质量、节能环保、适用场所等方面的技术性能，合理的选取自备应急电源。

重要电力用户应具备外部应急电源接入条件，有殊供电需求及临时重要电力用户，应配置外部应急电源接入装置，如外部应急电源接驳箱等，方便应急发电车等应急电源接入，如图7-7所示。

图7-7　室外应急电源接驳箱

自备应急电源应符合国家有关安全、消防、节能、环保等相关技术标准的要求。自备应急电源应配置闭锁装置，防止向电网反送电。

三、技术要求

（1）允许断电时间的技术要求：

1）保安负荷允许断电时间为秒级的，应选用满足相应技术条件的静态储能不间断电源或动态储能不间断电源，且采用在线运行方式。

2）保安负荷允许断电时间为秒级的，应选用满足相应技术条件的静态储能电源、快速自动启动发电机组等电源，且具有自动切换功能。

3）保安负荷允许断电时间为分钟级的，应选用满足相应技术条件的发电机组等电源，可采用自动切换装置，也可以手动的方式进行切换。

（2）需求容量的技术要求：

1）自备应急电源需求容量达到百兆瓦级的，用户可选用满足相应技术条件的独立于电网的自备电厂作为自备应急电源。

2）自备应急电源需求容量达到兆瓦级的，用户应选用满足相应技术条件的大容量发电机组、动态储能装置、大容量静态储能装置（如 EPS）等自备应急电源，如选用往复式内燃机驱动的交流发电机组。

3）自备应急电源需求容量达到百千瓦级的，用户可选用满足相应技术条件的中等容量静态储能不间断电源（如 UPS）或小型发电机组等自备应急电源。

4）自备应急电源需求容量达到千瓦级的，用户可选用满足相应技术条件的小容量静态储能电源（如小型移动式 UPS、储能装置）等自备应急电源。

（3）持续供电时间和供电质量的技术要求：

1）对于持续供电时间要求在标准条件下 12h 以内，对供电质量要求不高的保安负荷，可选用满足相应技术条件的一般发电机组作为自备应急电源。

2）对于持续供电时间要求在标准条件下 12h 以内，对供电质量要求较高的保安负荷，可选用满足相应技术条件的供电质量高的发电机组、动态储能不间断供电装置、静态储能装置或采用静态储能装置与发电机组的组合作为自备应急电源。

3）对于持续供电时间要求在标准条件下 2h 以内，对供电质量要求较高的保安负荷，可选用满足相应技术条件的大容量静态储能装置作为自备应急电源。

4）对于持续供电时间要求在标准条件下 30min 以内，对供电质量要求高的保安负荷，可选用满足相应技术条件的小容量静态储能装置作为自备应急电源。

不同类型自备应急电源及自备应急电源组合的技术指标及适用范围见表 7-1。

表 7-1　　　　　　　　不同类型自备应急电源及自备应急电源
组合的技术指标及适用范围

序号	自备应急电源种类	容量（kW）	工作方式	持续供电时间	切换时间	切换方式
1	UPS	<800	在线、热备	30min	0s	在线或STS静态转换开关
2	EPS	0.5~800	冷备、热备	60、90、120min 等	由负载特性定	ATSE
3	柴油发电机组	2.5~2500	冷备、热备	标准条件 12h	5~30s	ATSE 或手动
4	UPS+发电机	>800	在线、冷备、热备	标准条件 12h	<10ms	在线或STS
5	EPS+发电机	2.5~800	冷备、热备	标准条件 12h	0.1~2s	ATSE 或手动

对于环保和防火等有特殊要求的用电所，应选用满足相应要求的自备应急电源。

四、运行管理

自备应急电源应定期进行安全检查、预防性试验、启机试验和切换装置的切换试验。不同类型的自备应急电源对运行维护有不同的要求。

（1）自备应急柴油发电机组的运行、维护和保养要求：

1）自备应急柴油发电机组的运维人员应经过操作保养培训和上岗培训；

2）自备应急柴油发电机组宜每月空载运行一次，至少每季应带载（不小于 50%的机组额定功率）运行一次，运行时间至少达到机组温升稳定；

3）自备应急柴油发电机组所进行的定期带载运行；

4）自备应急柴油发电机组不宜长时间低负载（<30%负载）运行，且不宜频繁启停；

5）自备应急柴油发电机组不宜带负荷运行后马上停机（应急停机除外）；

6）自备应急柴油发电机组的维护和保养时间宜根据柴油发电机组的使用天数和机组运行小时数来确定或根据自备应急柴油发电机组产品说明书的保养操作规程、机组定期保养计划和定期保养项目进行。

（2）自备应急 UPS、EPS 的运行、维护和保养要求：

1）自备应急 UPS、EPS 的运行、维护人员应经过操作保养培训和上岗培训；

2）自备应急 UPS、EPS 维护和保养时间宜根据 UPS、EPS 的使用天数和机组运行小时数来确定；

3）自备应急 UPS、EPS 的蓄电池组应根据产品说明书的要求的控制策略进行充放电；

4）自备应急 UPS、EPS 应定期进行日常巡检，季度保养和年度保养应按照产品说明书的要求进行；

5）应定期对自备应急 UPS、EPS 电池组进行核对性放电试验；

6）放置自备应急 UPS、EPS 电池组的环境应满足设备的运行要求。

（3）电池组成的不间断电源使用时注意事项：

1）配置合适的检修旁路开关；

2）做好设备运行环境温度的控制并设置实时温度监控；

3）严格按要求配置消防设备并做好防燃、防爆等措施；

4）设备在室内时应做好通风、排烟等措施。

其他类型的自备应急电源的运行、维护和保养应按相关设备要求进行。

用户装设自备发电机组应及时向供电企业提交相关资料。自备发电机组与供电企业签订并网调度协议后方可并公共电网运行。签订并网调度协议的发电机组用户应严格执行电力调度计划和安全管理规定。

重要电力用户的自备应急电源，在使用过程中应杜绝和防止以下情况发生：

1）自行变更自备应急电源接线方式；

2）自行拆除自备应急电源的闭锁装置或者使其失效；

3）自备应急电源发生故障后长期不能修复并影响正常运行；

4）控自将自备应急电源引入，转供其他用户；

5）其他可能发生自备应急电源向公共电网送电的情况。

第四节　非电保安措施

非电保安措施主要是指供电电源和自备应急电源均消失的情况下，为保证人身设备安全所采取的人力、机械及其他保安措施，如化工厂冷却水塔的手动阀门、污水处理企业的紧急排放口、电气化铁路中的内燃机车、电梯的缓冲器等。因此非电性质的保安措施是保证重要用户用电安全的最后一道防线，用电安全服务时应予以重视。

对需要配置非电性质保安措施的客户，应制定非电性质预防措施。非电性质预防措施编制应从确保人身、设备安全及重大环境污染、重大经济损失等因素出发，充分考虑企业生产的特点，全面梳理突发停电的安全风险，以最快速度、最小损失的思路编制应急流程。

非电性质预防措施主要包括以下内容：

1）突发停电时的危险设备的手动紧急停止流程；

2）非电情况下的确保人员安全的应急流程；

3）突发停电时防止安全风险扩大的应急流程。

图 7-8 为《××××玻璃有限公司非电性质预防措施》，供参考。

《××××玻璃有限公司非电性预防措施》

××××玻璃有限公司属于连续生产企业，电能的正常稳定供应是公司正常生产的基本保证。由于玻璃生产工艺的特殊性，若发生较长时间的停电，将对玻璃窑炉等生产设施产生不可恢复性的损失，若不及时采取相应措施，还会发生某种程度的安全事故；公司为确保供电的稳定及可靠性，投入了双回路可靠性供电及一定容量的自发电供电设施设备，为防患于未然，制定如下非电性预防措施：

一、工作原则：

（1）非电性预防措施遵循预防为主、措施在前的方针，加强非电性预防措施的制度化和规范化，提高意识，提高提高非电性预防的快速反应能力。

（2）贯彻统一领导、分级负责、加强合作、快速反应、措施果断、保证重点、依靠科学的原则。

（3）公司相关部门做好安全用电工作，落实好突发性停电应急预案工作。熔制部门、动力车间等部门加强检查，有预见性的做好非电性预防措施的准备工作，切实做到有准备、有预防。

二、非电性预防措施：

（1）本着确保安全，先重点后次要，再考虑减少损失的原则。

（2）非电性预防措施包括有预见性、有计划性的停电和非预见性的停电。

（3）公司负责安全负责人针对公司窑炉等重点设施、设备针对不同阶段的安全因素制定出预防措施及计划。

图 7-8 某玻璃有限公司非电性质预防措施（一）

（4）相关责任部门落实好应急备用水源，窖炉泄料池，安全消防设施，应急照明等非电性预防措施。

（5）非电性预防措施：发生非电性事故，在公司副总经理以上人员做出决策后，安全负责人、窖炉部门、动力车间、生产部门负责人按如下步骤实施：

1）公司安全负责人：全面负责决策、组织、协调，重点做好安保工作。

2）窖炉部门：在司炉负责人的指导下，窖炉关停油气设备，停止加温；针对窖炉薄弱环节专人巡检；安排人员准备消防设施，准备应急水源。

3）动力车间：组织实施泄料防护，落实隔离通道，落实易燃易爆品隔离，落实重要、重点设施设备防护。

4）生产部：组织人员清理放料碎玻璃，协助动力车间落实防护措施。

5）其他部门：坚守岗位，服从安排。

本预案自发布之日起执行。

××××玻璃有限公司

××××年××月××日

图 7-8　某玻璃有限公司非电性质预防措施（二）

第五节　重要电力用户标识管理要求

为了便于日常使用、维护、检修及应急处置，更好地管理重要电力用户的电力设施，宜对重要电力用户配电房、重点部位、重要负荷、重要设备设置标识标牌。

一、设置范围

在重要用户，特别是重要活动场所的电气值班室、高（低）压配电室内的高低压开关柜、高低压开关、高低压电缆、配电箱、低压重要负荷及巡视路线、操作流程、工器具信息应设置现场管理标识。

二、命名方式

现场管理标识应根据用途，便于管理和及时处置紧急情况而进行正确命名。典型标识如图7-9～图7-20所示。

图7-9　高压配电室标识

图7-10　低压配电室标识

图 7-11　变压器室

图 7-12　开关柜名称标识

图 7-13　供电电源标识

0.100m

0.080m

×× 酒店 ×××会议室

1号配电箱

电压等级：

电源来源：

去向：

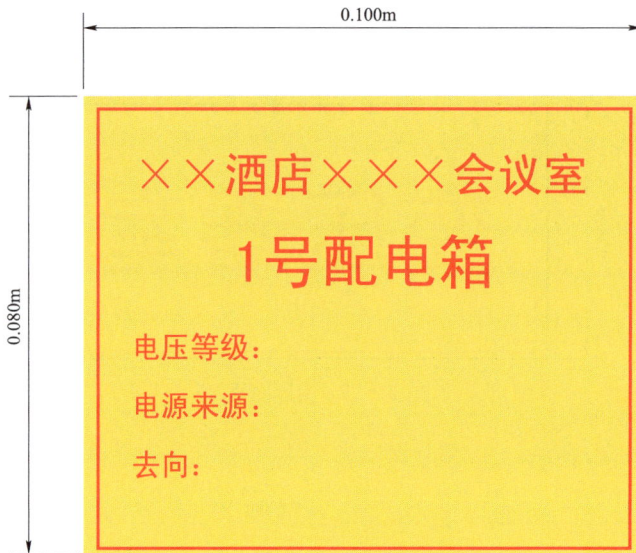

图 7-14　重要负荷末端配电箱标识

图 7-15　现场巡视路线标识

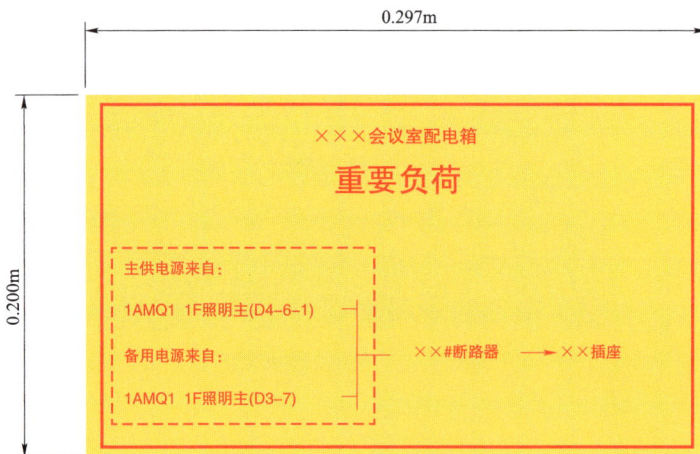

0.297m

0.200m

×××会议室配电箱

重要负荷

主供电源来自：

1AMQ1 1F照明主(D4-6-1)

备用电源来自：

1AMQ1 1F照明主(D3-7)

××#断路器 ⟶ ××插座

图 7-16　重要负荷标识

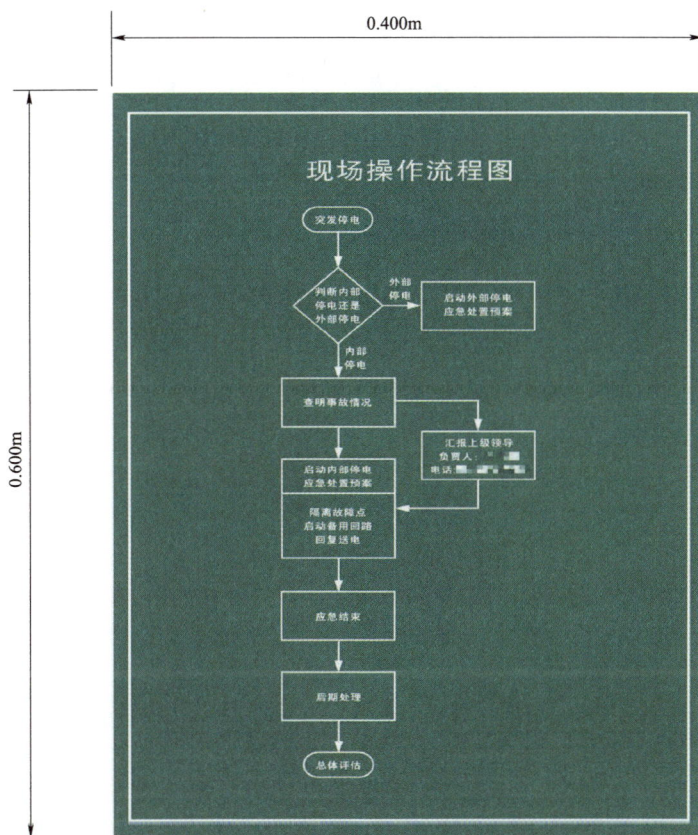

图 7-17　现场操作流程图标识示例

图 7-18　现场工器具信息

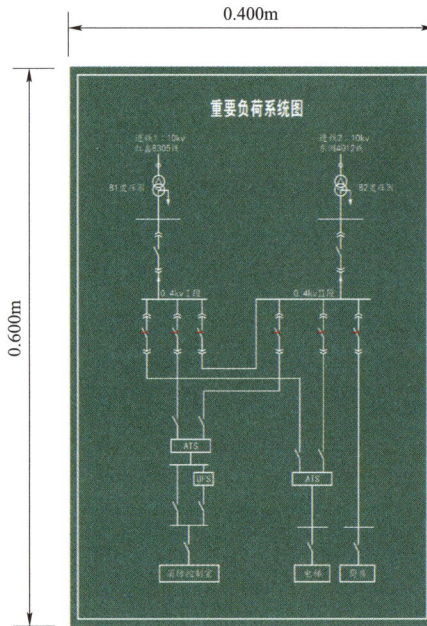

图 7-19　重要负荷系统标识图

线路名称	B1变压器出线（DL001）
电缆型号	YJV22-8.7/10kV-3X95
敷设长度	500m
起点	B1变压器出线开关柜（G15）
终点	B1变压器本体

图 7-20　电力电缆标识

第八章

反 窃 查 违

第一节 反窃查违的基本概念与形式

一、窃电概念

窃电是指在电力供应与使用中，用户采用非法手段不计量或者少计量用电，通过秘密窃取的方式，非法占用电能，以达到不缴或少缴电费用电的违法行为。

长期以来，一些单位或个人将盗窃电能作为获利手段，采取各种方法不计量、少计量或者少计价用电，以达到不交或者少交电费的目的，造成国家电能或电费大量流失，据不完全统计，全国每年因窃电损失达 200 亿元。窃电造成了国有资产严重损失，严重威胁电网安全稳定运行，直接危及电力企业正常的生产经营；严重扰乱了供用电秩序，影响供用电安全，损害了电力投资者、供电企业和用户的合法权益。许多窃电者采取隐蔽的、高科技的、分时段的窃电无法查处，由于缺乏操作性强的法律规范，对窃电行为打击不力，使之逐渐蔓延，已成为严重的社会问题。

根据《电力供应与使用条例》，窃电行为包括以下几方面：

（1）在供电企业的供电设施上，擅自接线用电；如图 8-1 所示。

（2）绕越供电企业用电计量装置用电；如图 8-2 所示。

（3）伪造或者开启供电企业加封的用电计量装置封印用电。

（4）故意损坏供电企业用电计量装置。

图 8-1　擅自接线用电

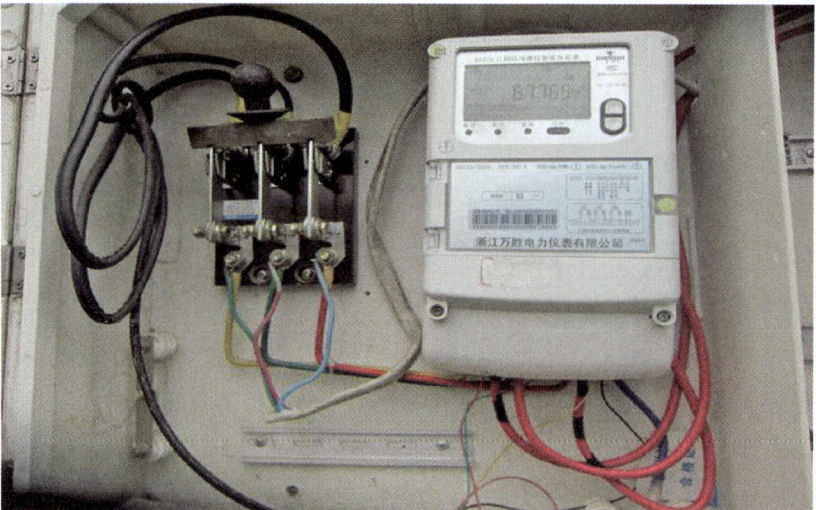

图 8-2　绕越计量装置用电

（5）故意使供电企业用电计量装置不准或者失效。

（6）采用其他方法窃电。

二、窃电形式

用户窃电的形式及手法多种多样，层出不穷。从窃电手段来讲，有普通型窃电、技术型窃电与高科技窃电；从计量的角度讲，可分为与计量装置有关和与计量装置无关两种；从时间上又可划分为连续式和间断式。窃电的手法虽然五花八门，但万变不离其宗，最常见是从电能计量的基本原理入手，由于电能表计量电量的多少，主要决定于电压、电流、功率因数三要素和时间的乘积，改变三要素中的任何一个要素都可以使电表慢转、停转甚至反转，从而达到窃电的目的。另外，通过采用改变电表本身的结构性能的手法，使电表慢转，也可以达到窃电的目的，各种私拉乱接、无表用电的行为则属于更加直接的窃电行为。窃电手法主要有以下几种类型：

1. 欠压法窃电

窃电者采用各种手法故意改变电能计量电压回路的正常接线，或故意造成计量电压回路故障，致使电能表的电压线圈失压或所受电压减少，从而导致电量少计，这种窃电方法就叫欠压法窃电。常见手法有：

（1）使电压回路开路。例如：松开 TV 的熔断器；弄断熔丝管内的熔丝；松开电压回路的接线端子；弄断电压回路导线的线芯；松开电能表的电压连片等。

（2）造成电压回路接触不良故障。例如：拧松 TV 的低压熔丝或人为制造接触面的氧化层；拧松电压回路的接线端子或人为制造接触面的氧化层；拧松电能表的电压连片或人为制造接触面的氧化层等。

（3）串入电阻降压。例如：在 TV 的二次回路串入电阻降压；弄断单相表进线侧的零线而在出线至地（或另一个用户的零线）之间串人电阻降压等。

（4）改变电路接法。例如：将三个单相 TV 组成 Y/Y 接线的 V 相二次反接；将三相四线三元件电能表或用三只单相表计量三相四线负荷时的中线取消，同时在某相再并入一只单相电能表；将三相四线三元件电表的表尾零线接到某相的相线上等。

2. 欠流法窃电

窃电者采用各种手法故意改变计量电流回路的正常接线或故意造成计量

电流回路故障，致使电能表的电流线圈无电流通过或只通过部分电流，从而导致电量少计，这种窃电方法就叫作欠流法窃电。常见手法有：

（1）使电流回路开路。例如：松开 TA 二次出线端子、电能表电流端子或中间端子排的接线端子；弄断电流回路导线的线芯；人为制造 TA 二次回路中接线端子的接触不良故障，使之形成虚接而近乎开路。

（2）短接电流回路。例如：短接电能表的电流端子；短接 TA 一次或二次侧；短接电流回路中的端子排等。图 8-3 所示为改变电流互感器内部结构遥控窃电。

图 8-3　改变电流互感器内部结构遥控窃电

（3）改变 TA 的变比。例如：更换不同变比的 TA；改变抽头式 TA 的二次抽头；改变穿芯式 TA 一次侧匝数；将一次侧有串、并联组合的接线方式改变等。

（4）改变电路接法。例如：单相表相线和零线互换，同时利用地线作零线或接邻户线；加接旁路线使部分负荷电流绕越电表；在低压三相三线两元件电表计量的 V 相接入单相负荷等。如图 8-4 所示为借零法窃电。

3. 移相法窃电

窃电者采用各种手法故意改变电能表的正常接线，或接入与电能表线圈无电联系的电压、电流，还有的利用电感或电容特定接法，从而改变电能表线圈中电压、电流间的正常相位关系，致使电能表慢转甚至倒转，这种窃电手法就叫作移相法窃电。常见手法有：

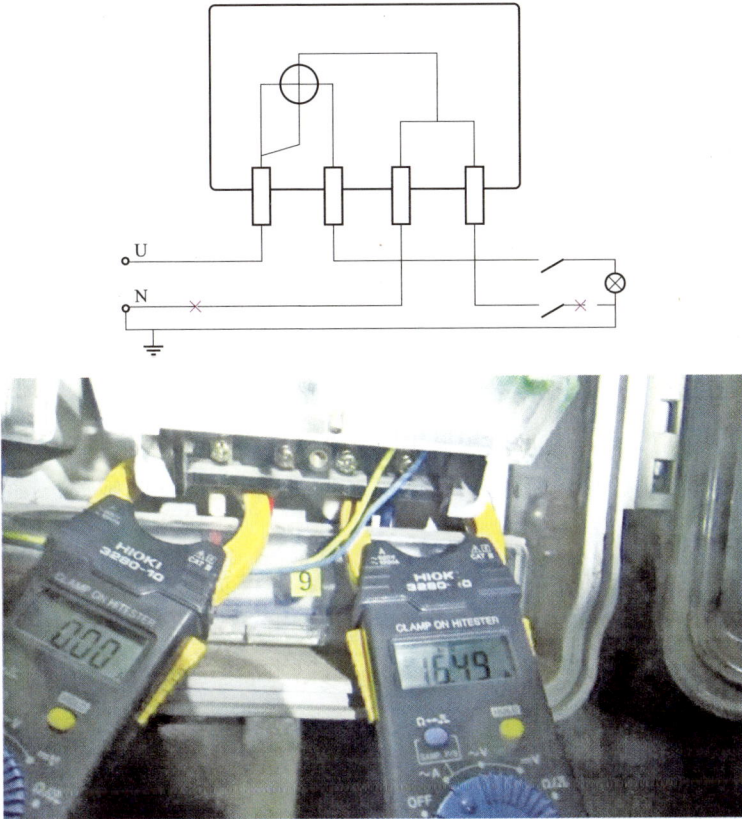

图 8-4 借零法窃电

（1）改变电流回路的接法。例如：调换电流互感器一次侧的进出线；调换电流互感器二次侧的同名端；调换电能表电流端子的进出线；调换电流互感器至电能表连线的相别等。

（2）改变电压回路的接线。例如：调换单相电压互感器一次或二次的极性；调换电压互感器至电能表连线的相别等。

（3）用变流器或变压器附加电流。例如，用一台一、二次侧没有电联系的变流器或二次侧匝数较少的电焊变压器的二次侧倒接入电能表的电流线圈等。

（4）用外部电源使电表倒转。例如；用一台具有电压输出和电流输出的手摇发电机接入电表；用一台带蓄电池的设备改装成具有电压输出和电流输出的逆变电源接入电表。

（5）用一台一、二次侧没有电联系的升压变压器将某相电压升高后反相加入表尾零线。

（6）用电感或电容移相。例如：在三相三线两元件电表负荷侧 U 相接入电感或 W 相接入电容。

4. 扩差法窃电

窃电者采用短电流、断电压、动齿、强磁干扰等方法，改变电表内部结构性能，使用本身的误差扩大，这种窃电手法就叫作扩差法窃电。常见手法有：

（1）私拆电表，改变电表内部的结构性能。例如：减少电流线圈匝数或短接电流线圈；增大电压线圈的串联电阻或断开电压线圈；更换传动齿轮或减少齿数；增大机械阻力；调节电气特性；改变表内其他零件的参数、接法或制造其他各种故障等。

（2）用大电流或机械力损坏电表。例如：用过负荷电流烧坏电流线圈；用短路电流的电动力冲击电表；用机械外力损坏电表等。

（3）改变电表的安装条件。例如：改变电表的安装角度；用机械振动干扰电表；用永久磁铁产生的强磁场干扰电表等。如图 8-5 所示为强磁窃电。

5. 无表法窃电

未经报装入户就私自在供电部门的线路上接线用电，或有表用户私自甩表用电，这种窃电手法就叫作无表法窃电。

（1）直接从配变的低压母线或低压架空线挂钩用电。

（2）短接计量箱进出线。短接进入计量箱和引出计量箱的同相位的导线，多发生在进线管与出线管在墙内的相交处。

6. 其他窃电

除了以上窃电手法，目前还不断出现一些新的窃电手法，有别于传统的窃电手法。常有使用 IC 卡式电能表的用户伪造 IC 卡、修改 IC 卡的电量值、破坏读卡装置等。针对多功能全电子型电能表，破解密码后修改其内部参数设置，从而达到少计量的目的。一般意义上的窃电行为是窃电供自己使用，达到少缴费或不缴费的目的。目前在实践中又遇到了一些新的窃电动身，如一些不法分子窃电再转卖电以达到获得的目的。极个别发电厂通过技术手段，改动上网电能计量装置，达到多卖电的目的，其实质也是一种窃电行为。

正常时
5.50A

将磁铁置于表后，电流变为0.30A

图8-5　强磁窃电

三、违约用电

违约用电是指违反供用电合同的规定和有关安全规程、规则，危害供电、用电安全，扰乱正常供用电秩序的行为，主要包括：

（1）在电价低的供电线路上，擅自接用电价高的用电设备或私自改变用电类别。即用户未按国家规定的程序办理手续，未经供电企业同意或允许而自行进行的违反电价分类属性用电的行为。例如把属于较高电价类别的用电，私自按较低电价类别用电，以达到少交电费的目的，就是改变了用电类别。

（2）私自超过合同约定的容量用电。合同约定容量是供用电双方协商一致，以合同方式确认的容量。擅自超过合同约定的容量，不但侵占他人用电容量，危害用电安全，同时少交了按容量收取基本电费的用户，使国家和供电企业受到经济损失。

（3）擅自超过计划分配的用电指标。用电指标分配部门，依照国家发、供、用总计划，分配到各用电户允许使用的电力量指标，包括日、月、季、年用电指标。在用电紧张时，政府会出台有序用电方案，对用户用电指标进行综合分配，用户擅自超用，将影响电力电量的平衡，严重时会影响电力系统运行稳定性。

（4）擅自使用已在供电企业办理暂停手续的电力设备或启用供电企业封存的电力设备。用户为减少用电负荷已办理了暂时停止全部或部分用电设备，或用户因违反国家规定用电、违章用电、窃电、超计划用电或者不安全用电，供电企业依法封存或不允许用户继续使用的电气设备。

（5）私自迁移、更动和擅自操作供电企业的用电计量装置、电力负荷管理装置、供电设施以及约定由供电企业调度的用户受电设备。迁移是指用户把用电计量装置移动，使其离开原来的位置而另换地点的行为。尽管迁移、更动、擅自操作供电企业的计量装置，没有损坏封印、接线、计量装置本体，但可能引起计量装置产生误差使电力负荷控制装置失灵，所以被禁止。

（6）未经供电企业同意，擅自引入（供出）电源或将备用电源和其他电源私自并网。指用户把第三者的电源引入，供本用户使用，或者私自送出，将电供给其他用户。用户不经电网企业允许，也未签订并网协议而私自把自备电源接到电网中运行的行为。

第二节　反窃查违作业流程

反窃电查处的主要流程包括：发现窃电线索、分析窃电线索、确定检查对象、归集被检查对象信息、制定检查方案、现场检查取证、提出处理方案、追补电费和违约使用电费、档案归档等。查处流程如图8-6所示。

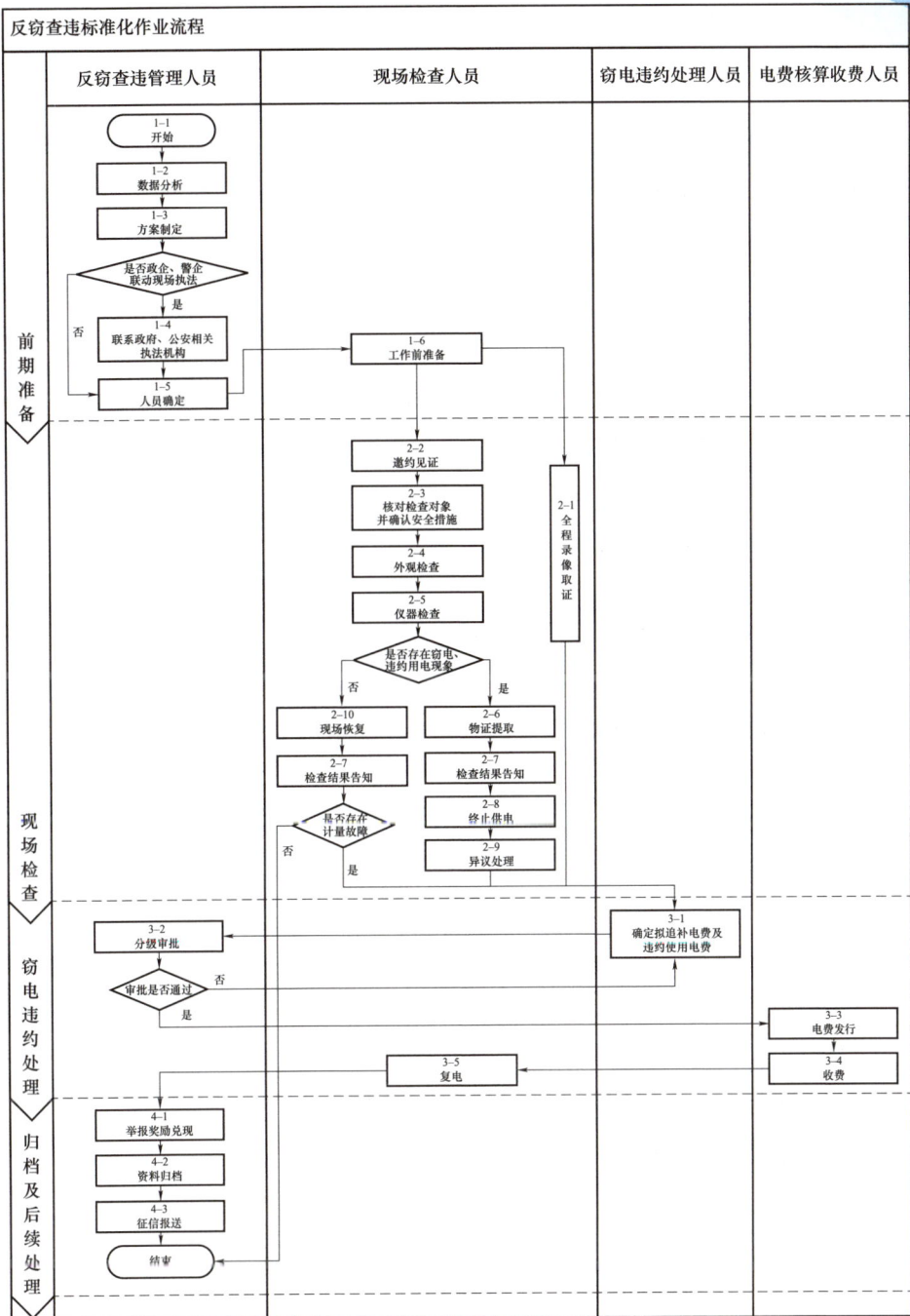

反窃查违标准化作业流程

反窃查违管理人员	现场检查人员	窃电违约处理人员	电费核算收费人员

前期准备

1-1 开始
1-2 数据分析
1-3 方案制定
是否政企、警企联动现场执法
1-4 联系政府、公安相关执法机构
1-5 人员确定
1-6 工作前准备

现场检查

2-2 邀约见证
2-3 核对检查对象并确认安全措施
2-4 外观检查
2-5 仪器检查
是否存在窃电、违约用电现象
2-10 现场恢复
2-6 物证提取
2-7 检查结果告知
2-7 检查结果告知
2-8 终止供电
2-9 异议处理
是否存在计量故障
2-1 全程录像取证

窃电违约处理

3-1 确定拟追补电费及违约使用电费
3-2 分级审批
审批是否通过
3-3 电费发行
3-4 收费
3-5 复电

归档及后续处理

4-1 举报奖励兑现
4-2 资料归档
4-3 征信报送
结束

图 8-6　查处反窃查违标准化作业流程图

127

一、工作任务来源

主要包括：公司反窃查违工作任务工单；95598 服务热线窃电举报工单；营业稽查系统任务工单；窃电举报来信；现场工作发现；线损治理分析结果。

二、数据分析

根据嫌疑用户工单信息，查询嫌疑用户营销业务系统、用电信息采集系统等系统数据，筛选异常数据信息，初步判断窃电手法、窃电时间等关键信息。分析范围包括且不限于以下内容：

（1）高损或线损波动台区。

（2）电量突增突减情况。

（3）农排用电无季节性波动特征。

（4）电能表停走、倒走、电量反向等异常。

（5）电能表各相电流不平衡。

（6）电能表开盖、单相电能表的相线和零线电流不一致等异常。

（7）失压、失流、欠压等异常记录。

（8）过载超容用电。

（9）是否存在历史窃电记录。

（10）是否频繁出现采集失败或特定时段采集数据缺失情况。

（11）是否存在功率因数异常情况。

（12）电能表相序异常。

（13）电能表潮流反向。

（14）电能表时钟异常，与标准时间误差超过 5min。

（15）电能表时段设置和当前电价策略不一致。

三、方案制定

主要包括：

（1）检查时间、方式、重点检查方向。

（2）现场检查需要的检查设备、取证设备、工机具等。

（3）参加现场检查人员配置及分工（含装表接电、配电运行检修等辅助工种）。

（4）参加配合系统数据监控、查询人员配置及分工。

（5）现场突发情况安保预控措施。

（6）是否需要公安机关、政府相关职能部门提前介入。

（7）行动保密措施。

（8）其他需要提前落实的保障措施。

涉及重人窃电案件与存在群体性突发事件风险的，应根据实际情况做好引入公安机关、政府相关职能部门等第三方力量准备。

四、联合检查

联系政府、公安相关执法机构，协调联合检查事宜。

五、人员确定及准备

（1）向现场工作负责人下达检查任务，并对现场检查方案进行工作交底。

（2）工作负责人根据工作内容和现场检查方案（必要时）确定工作班成员。

（3）依据工作任务填写工作票或现场工作任务派工单。

（4）办理工作票或现场工作任务派工单签发手续。

（5）打印现场《用电检查工作单》，核对检查对象基础档案信息。

（6）根据工作内容和现场检查方案（必要时）选择现场工器具、取证用品。

六、全程录像取证及邀约见证

两名以上工作人员，并履行派工手续。至少配备两台视频记录仪，确保取证过程全程记录，涉及录音电话取证，须明确告知当事人。开展现场检查前应出示工作证，通知用户一同进行检查的过程，最好邀约公安或物业管理等第三方人员全程协同见证过程。如图 8-7 所示。

图 8-7　第三方人员全程协同见证

七、安全措施

应根据工作票或现场工作任务派工单所列安全要求，落实安全措施；核对检查对象，包括检查对象用电范围，电能表表号等是否正确。

八、现场检查

（1）检查计量箱（柜）、电能表、试验接线盒封印是否缺失，外观是否完好、封印号是否与系统记录一致、各施加封位置封印颜色是否错误。

（2）电能表检定合格证是否完好，有无脱胶或胶水粘贴痕迹，是否出现在异常位置。

（3）电能表外观是否存在破损，电弧灼烧。

（4）有无不明异常线路接入计量回路；是否存在明显改接或错接痕迹；是否存在断线、松动、接触不良、氧化或绝缘处理、短接线接入等情况。

（5）电能表显示的相序、电压、电流、功率、功率因数、当前日期时间、时段，最近一次编程时间，开表盖记录是否存在异常。

（6）是否存在公用电力线路上直搭用电线路。

（7）低压穿芯式电流互感器一次回路匝数是否正确，铭牌变比是否与系统一致，有无过热、烧焦、铭牌更动痕迹现象。

（8）现场是否存在用途不明的无线电发射装置，无线电天线（无线干扰窃电，经常出现采集失败或采集数据缺失需重点排查）。

（9）试验接线盒是否存在接线螺丝异常凸起（对比电流电压螺丝接线情况下差异），外观破损、胶合痕迹等（遥控窃电，进入检查现场前后存在负荷异常波动时重点检查）。

（10）异常强磁干扰（有无磁饱和电流声或有无明显磁场）。

（11）用验电器或万用表测试电能表"火、零"线接入情况（借零窃电）。

（12）用钳形万用表测试计量装置各处电流、电压（欠压法或欠流法窃电）；对比各接线分段电流实测值差异，电能表显示值电流电压与仪器仪表实测值差异。

（13）用钳形万用表或变比测试仪测试电流互感器一二次电流变比（改变变比窃电）。

（14）用相位伏安表、用电检查仪或校表仪测试相电压和相电压、相电压和电流相位角（移相法窃电，功率因素异常用户重点检查）。

（15）变压器容量测试。使用变压器容量测试仪测量变压器的负载损耗、阻抗电压、容量等参数，与铭牌、营销信息系统是否一致。

（16）根据现场测量电流、电压、相位角与电能表显示电流、电压、相位角计算计量误差。

（17）根据瓦秒法计算计量误差。

（18）使用电能表现场校验仪或用电检查仪直接测试计量误差。

九、物证提取

检查完成后应立即对重要物证进行提取。物证包括被破坏或改造的计量装置，专用窃电设备，直接搭接的电线等。

（1）提取的物证应采用物证箱或物证袋封存，物证箱、物证袋加封处、需注明加封时间，取证地点，供电方取证人与用电人或现场见证第三方签字。

（2）物证依法应当由公安机关等有关部门保管的，应要求其履行调取证据程序；物证无法搬运的应现场加封。

十、检查结果告知及处理

（1）根据检查结果如实填写《用电检查通知书》，当场告知用电人用电检查结果以及配合后续调查处理的相关事宜后，由用电人进行签收。

（2）用户由于客观原因无法当面签收的，应有第三方见证人在场或电话通知用电人后，张贴在用电人处所醒目位置留置送达，同时拍照留存；必要时可按照用户申请用电的地址邮寄，并留存好寄送凭证。

（3）若用电人拒绝签字，应在签收栏注明是何人、何时拒绝签收，并同步录像记录。

现场检查过程中发现确有窃电行为的，在通知用电人后可当场实施中止供电措施。

十一、证据争议处理

双方对违窃结果存在争议，需对拆除的计量装置进行联合封存并确定保管方式，送至技术鉴定机构鉴定。

（1）技术鉴定机构需取得国家相关资质，且承接该类鉴定业务。

（2）物证进行技术鉴定时，应通知用电人到场见证，如用电人拒绝到场见证的，应保存好通知的电话录音、挂号信签收凭证等证据。

（3）证物在移交鉴定机构或第三方（含公安机关）保管、处理或者依法应当返还时，可以拍摄或者制作足以反映原物外形或者内容的照片、录像，防止物证灭失或被人为破坏造成证据效力下降。

十二、现场恢复

采取多方、多人、多设备论证确定现场违窃行为不存在后，应现场完成恢复、告知工作。

（1）检查过程如有打开封印等情况，需当场恢复。

（2）做好用户用电情况的持续跟踪。

十三、确定拟追补电费及违约使用电费

（1）确定窃电、违约用电的具体手段，并以此选取计算误差法、设备滴定法或其他方法计算单位时间的追补电量。

（2）根据现场核查结果，及系统数据，确定起止时间。

（3）计算追补电量、电费和违约使用电费，形成拟追补电费及约为使用电费意见，报送管理人员审批。

十四、分级审批

（1）根据用户性质、涉及电量大小等，履行分级审批，具体分级规则依据本单位相关要求执行。

（2）依据现场记录、系统数据对追补电费、违约使用电费计算合理性进行审核。

（3）审批通过后，将窃电处理结果告知客户。

十五、电费发行与收费

（1）核算电量电费计算正确性。

（2）发行电费。

（3）核对电费与违约使用电费。

（4）建立台账。

（5）收取费用。

（6）开具发票。

十六、复电

（1）确认费用。

（2）复电查勘。

（3）现场复电。

十七、归档及后续工作

依据本单位举报奖励办法，兑现举报奖励。收集、审核、报送用户不良信用信息。归档内容包括：

（1）将现场检查记录、审批记录、客户签收记录等业务流程资料。

（2）现场照片、影音资料等证据材料。

（3）拆回电能表、互感器、窃电违约用电工具等实物资料。

（4）归档资料保存期限不低于 3 年的有效追诉期。

征信报送应遵守《征信业管理条例》（中华人民共和国国务院第 631 号）等行政法规，与征信机构签订协议，遵守《国家电网有限公司关于加强和规范失信联合惩戒工作的通知》（国家电网企管〔2018〕456 号）及本单位征信管理办法。

第三节　窃电证据固化

证据是能够证明案件真实情况的事实，是行为人在一定的时空里，通过一定的行为，遗留在现场的痕迹、印象。同其他证据一样，用来定案的窃电证据，必须同时具备合法性、客观性和关联性，缺一不可。窃电证据具有证据的一般特征，即客观性与关联性，此外，由于电能的特殊属性所决定，窃电证据表现出不同于其他证据的独立特征，即窃电证据的不完整性和推定性。

（1）窃电证据的客观性，是指证明窃电案件存在和发生的证据是客观存在的事实，而非主观猜测和臆想的虚假的东西。

（2）窃电证据的关联性，是指证据事实与窃电案件有客观联系，两者之间不是牵强附会或者毫不相关。

（3）窃电证据的不完整性，是指由于电能的特殊属性所致，只能获得窃电行为的证据，而无法直接获取窃得财物——电能的证据，即窃电案件无法人赃俱获。

（4）窃电证据的推定性，是指窃电量无法通过用电计量装置直接记录，只能依赖间接证据推定窃电时间进行计算。

窃电取证的手段和方法很多，证据的取得必须合法，只有通过合法途径取得的证据才能作为定案的依据。收集、提取证据要主动及时。主要包括以下几方面：拍照、摄像、录音（需征得当事人同意）、损坏的用电计量装置的提取、伪造或者开启加封的用电计量装置封印收集、使用电计量装置不准或者失效的窃电装置、窃电工具的收缴、在用电计量装置上遗留的窃电痕迹的提取及保全、制作用电检查的现场勘验笔录、经当事人签名的询问笔录、用户用电量显著异常变化的电费清单的收集、当事人、知情人、举报人的书面陈述材料的收集、专业试验、专项技术鉴定结论材料的收集、违章用电、窃电通知书、供电部门的线损资料、值班记录、用户产品、产量、产值统计表、该产品平均耗电量数据表等。

一、改表窃电需提供证据

表计在安装位置照片、应包含出厂防伪封签、合格证正面照；打开表箱或计量柜前照片，现场测量进表前电流、电压显示与表内电压电流显示同步照片及视频，现场测量用户三相负荷电流照片。现场使用计量移动作业终端召测表计开盖记录照片。照片应能清晰看到起始开盖日期。拆除表计过程，在表计上加封用户签字过程照片及视频，拆除表计由公安机关带回。配电室内设施及变压器铭牌、用户生产厂房及用电设备相关照片。

与用户、公安机关一起将表计送技术监督局检验照片，及技术监督局出具的检测报告。与用户、表计厂家、公安机关一起打开表计过程视频资料及表计厂家出具的检查报告。营销系统内表计开盖日期起始表码截图、检查当日表计表码系统截图，用户执行电价信息营销系统档案截图。采集终端冻结电量数据截图。用户历史缴纳电费情况。损失电量测算依据，计算公式，测算报告。

二、短接电流二次回路窃电需提供证据

表计在安装位置照片、表箱及计量柜整体外观照片。打开表箱或计量柜前照片，现场测量一次侧电流、进表前电流显示与表内电流显示同步照片及视频，现场测量用户三相负荷电流照片。窃电短接点照片，由公安机关提取短接点相

关材料。采集终端内显示电流数据照片。配电室内设施及变压器铭牌、用户生产厂房及用电设备相关照片。

采集系统内异常数据截图，正常用电与窃电时电流、冻结电量对比数据截图。相关日期冻结表码，用户历史缴纳电费情况。用户执行电价信息营销系统档案截图。损失电量测算依据，计算公式，测算报告。

三、绕越计量装置窃电需提供证据

表计在安装位置照片、表箱及计量柜整体外观照片。绕越 T 接点照片，计量点至绕越计量点完整视频。绕越电缆三相负荷电流测试，计量表计三相负荷电流测试照片。测试点全程视频。绕越电缆接带负荷处照片，绕越点距接带负荷处视频影像，必要时将 T 接处电缆留存带走。配电室内设施及变压器铭牌、用户生产厂房及用电设备相关照片。用户历史缴纳电费情况。用户执行电价信息营销系统档案截图。损失电量测算依据，计算公式，测算报告。

四、强磁干扰及高频干扰窃电需提供证据

现场检查全程视频，查处强磁电磁铁及高频干扰装置照片及视频，强磁电磁铁及高频装置干扰表计时表计显示照片及视频，以及干扰时后台数据正常状态及异常状态对比变化截图。现场实测三相负荷电流照片及视频。查处干扰窃电物品由公安机关取证带回。配电室内设施及变压器铭牌、用户生产厂房及用电设备相关照片。采集系统内异常数据截图，正常用电与窃电时电流、冻结电量对比数据截图。相关日期冻结表码，用户历史缴纳电费情况。用户执行电价信息营销系统档案截图。损失电量测算依据，计算公式，测算报告。

五、更换 TA 变比窃电需提供证据

营销系统计费 TA 倍率截图，现场安装实际 TA 铭牌，测量一次电流、二次电流照片及视频。拆除现场 TA 照片及视频，现场将 TA 加装封条及用户签字照片及视频。技术监督局对 TA 检测报告。应和用户共同送检。配电室内设施及变压器铭牌、用户生产厂房及用电设备相关照片。用户历年来缴纳电费情

况。损失电量测算依据，计算公式，测算报告。

六、改变计量接线窃电需提供证据

现场计量接线错误照片，对用户指出接线错误的过程视频。以及正确接线图。系统内发生接线错误，前后时间段电流、电量变化截图。系统内计量点、采集点工单变化时的工作日期、作业人员。现场实测三相负荷电流照片及视频。配电室内设施及变压器铭牌、用户生产厂房及用电设备相关照片。采集系统内异常数据截图，正常用电与窃电时电流、冻结电量对比数据截图。相关日期冻结表码，用户历史缴纳电费情况。用户执行电价信息营销系统档案截图。损失电量测算依据，计算公式，测算报告。

第四节　窃电与违约用电的处理

一、窃电、违约用电处理法律依据

根据《合同法》第六十条规定：当事人应当按照约定全面履行自己的义务。当事人应当遵循诚实信用原则，根据合同的性质、目的和交易习惯履行通知、协助、保密等义务。第一百零七条规定：当事人一方不履行合同义务或者履行合同义务不符合约定的，应当承担继续履行、采取补救措施或者赔偿损失等违约责任。

《电力供应与使用条例》第四十条规定：违反本条例第三十条规定，违章用电的，供电企业可以根据违章事实和造成的后果追缴电费，并按照国务院电力管理部门的规定加收电费和国家规定的其他费用；情节严重的，可以按照国家规定的程序停止供电。第四十二条规定：供电企业或者用户违反供用电合同，给对方造成损失的，应当依法承担赔偿责任。

《电力法》第五十九条规定：电力企业或者用户违反供用电合同，给对方造成损失的，应当依法承担赔偿责任。

《供电营业规则》第一百条规定：危害供用电安全、扰乱正常供用电秩序的行为，属于违约用电行为。供电企业对查获的违约用电行为应及时予以制止。第一百零二条规定：供电企业对查获的窃电者，应予制止并可当场中止供电。窃电者应按所窃电量补交电费，并承担补交电费三倍的违约使用电费。拒绝承担窃电责任的，供电企业应报请电力管理部门依法处理。窃电数额较大或情节严重的，供电企业应提请司法机关依法追究刑事责任。第一百零四条规定：因违约用电或窃电造成供电企业的供电设施损坏的，责任者必须承担供电设施的修复费用或进行赔偿。因违约用电或窃电导致他人财产、人身安全受到侵害的，受害人有权要求违约用电或窃电者停止侵害，赔偿损失。供电企业应予协助。

综上所述，用户窃电或违约用电违反了与供电企业签订的供用电合同，需要承担违约责任。窃电数额较大或情节严重的还将触犯刑法，构成盗窃罪。

二、窃电量及金额的计算

窃电处理坚持"事实清楚、数据准确、处理有据"原则。窃电量的计算方法要与违章窃电事实、法律依据相符合，不得滥用推算法进行窃电电量计算。应充分考虑举报人或其他窃电知情人，参与现场检查第三方见证人的证词证言；计量装置厂家出具的设备检查情况说明材料，技术专家或专业技术研究人员对窃电原理或窃电计算科学性的专业说明材料。

按照《最高人民法院、最高人民检察院关于办理盗窃刑事案件适用法律若干问题的解释》法释〔2013〕8号"盗窃数量能够查实的，按照查实的数量计算盗窃数额。"的相关规定，窃电电量计算时优先根据误差或更正系数进行计算，计算要求可参考《供电营业规则》第八十条、第八十一条的相关计算规定。

窃电方式导致无法准确计算窃电电量的，可使用《供电营业规则》、法释〔2013〕8号以及属地地方性法规列明的窃电电量推算方式进行推算。采取推算法进行窃电电量推算时，宜采用两种及以上的推送方式同时进行计算，相互验证推算结果，减低推算法导致的窃电电量计算偏差过大。

根据《供电营业规则》第一百零二条规定：供电企业对查获的窃电者，应予以制止，并可当场中止供电。窃电者应按所窃电量补交电费，并承担补交电费3倍的违约使用电费。拒绝承担窃电责任的，供电企业应报请电力管理部门依法处理。窃电数额较大的，供电企业应提请司法机关依法追究刑事责任。据此，窃电量可按以下方法确定：

（1）在供电企业的供电设施上，擅自接线用电的，所窃电量按私接设备额定容量（kVA 视同 kW）乘以实际使用时间计算确定。

（2）以其他行为窃电的，所窃电量按计费电能表标定电流值（对装有限流器的，按限流器整定电流值）所指的容量（kVA 视同 kW）乘以实际用电的时间计算确定。窃电时间无法查明时，窃电日数至少以 180 天计算，每日窃电时间：电力用户按 12h 计算；照明用户按 6h 计算。

对现场能收集到相关证据的窃电行为，还可以按以下原则进行计算：

（1）采用单耗法计算。窃电量＝选取同类型单位正常用电的产品单耗（或实测单耗）×窃电期间的产品产量＋其他辅助电量－已抄见电量。

（2）在总表上窃电的。窃电量＝分表电量总和－总表的已抄见电量。

（3）有关计算数据难以确定的，可按照《最高人民法院、最高人民检察院关于办理盗窃刑事案件适用法律若干问题的解释》法释〔2013〕8 号规定，即盗窃数量无法查实的，以盗窃前六个月月均正常用量减去盗窃后计量仪表显示的月均用量推算盗窃数额；盗窃前正常使用不足六个月的，按照正常使用期间的月均用量减去盗窃后计量仪表显示的月均用量推算盗窃数额。

（4）致使表计失准的。窃电量＝抄见电量×（更正系数－1）。

（5）执行峰谷电价的，窃电量按峰谷比分开计算。

（6）窃电金额＝窃电量×窃电期间的电力销售价格＋国家、省物价部门规定按电量收取的其他合法费用。

三、违约用电处理

（1）在电价低的供电线路上，擅自接用电价高的用电设备或私自改变用电类别的，应按实际使用日期补交其差额电费，并承担二倍差额电费的违约使用电费。使用起讫日期难以确定的，实际使用时间按三个月计算。

（2）私自超过合同约定的容量用电的，除应拆除私增容设备外，属于两部制电价的用户，应补交私增设备容量使用月数的基本电费，并承担三倍私增容量基本电费的违约使用电费；其他用户应承担私增容量每千瓦（千伏安）50 元的违约使用电费。如用户要求继续使用者，按新装增容办理手续。

（3）擅自超过计划分配的用电指标的，应承担高峰超用电力每次每千瓦 1 元和超用电量与现行电价电费五倍的违约使用电费。

（4）擅自使用已在供电企业办理暂停手续的电力设备或启用供电企业封存的电力设备的，应停用违约使用的设备。属于两部制电价的用户，应补交擅自使用或启用封存设备容量和使用月数的基本电费，并承担两倍补交基本电费的违约使用电费；其他用户应承担擅自使用或启用封存设备容量每次每千瓦（千伏安）30 元的违约使用电费。启用属于私增容被封存的设备的，违约使用者还应承担本条第 2 项规定的违约责任。

（5）私自迁移、更动和擅自操作供电企业的用电计量装置、电力负荷管理装置、供电设施以及约定由供电企业调度的用户受电设备者，属于居民用户的，应承担每次 500 元的违约使用电费；属于其他用户的，应承担每次 5000 元的违约使用电费。

（6）未经供电企业同意，擅自引入（供出）电源或将备用电源和其他电源私自并网的，除当即拆除接线外，应承担其引入（供出）或并网电源容量每千瓦（千伏安）500 元的违约使用电费。

第九章

新 型 业 务 检 查

国家提出构建以新能源为主体的新型电力系统，着力推动能源绿色低碳转型。锚定 2030 年碳达峰和 2060 年碳中和的"双碳"目标，供电企业一手抓能源安全供给，一手抓绿色低碳转型，将企业发展融入服务国家能源安全和经济社会绿色可持续发展大局中，积极应对清洁低碳加速转型带来的巨大变革，以多元融合高弹性电网为路径，大规模储能为必要条件，碳电协同为破题要旨，源网荷储协调互动为关键举措，以电网弹性提升应对大规模新能源和高比例外来电的不确定性和不稳定性。

面对电力系统能源资源配置能力和智能化水平的不断提升，更好地适应新能源、分布式能源、储能、交互式用能设施等大规模并网接入的需要，确保新型电力设施安全稳定运行，满足人民群众日益多样的服务需求，用电检查人员需加强开展新型业务的检查工作。

第一节 充 换 电 设 施

充换电设施是电动汽车大规模推广的前提和保障。国家电网公司确定了以换电为主、插充为辅、集中充电、统一配送的方针，通过智能电网、物联网、交通网三网融合的信息融合，实现对电动汽车用户跨区域、全覆盖的服务，全面支持充电换电路线，满足电动汽车用户的需求。

一、充换电设施的作用

充换电站是为电动汽车的动力电池提供充电和动力电池快速更换的能源站（见图 9-1）。电动汽车为了连续行驶就要求其电能得到补充，电能的补充可以分为整车充电（快速充电，常规充电和慢速充电）和电池的快速更换两种。充电模式可以简单分为整车充电和对电池与车身分开后充电。

图 9-1　充换电站

二、充换电设施的基本结构和原理

（一）充电桩结构

充电桩其功能类似于加油站里面的加油机，可以固定在地面或墙壁，安装于公共建筑（公共楼宇、商场、公共停车场等）和居民小区停车场或充电站内，可以根据不同的电压等级为各种型号的电动汽车充电。充电桩的输入端与交流电网直接连接，输出端都装有充电插头用于为电动汽车充电。充电桩可以分为快充桩、慢充桩。快充桩为大电流直流，慢充桩为交流。人们可以使用特定的充电卡在充电桩提供的人机交互操作界面上刷卡使用，进行相应的充电方式、充电时间、费用数据打印等操作，充电桩显示屏能显示充电量、费用、充电时间等数据。充电桩的结构见图9-2。

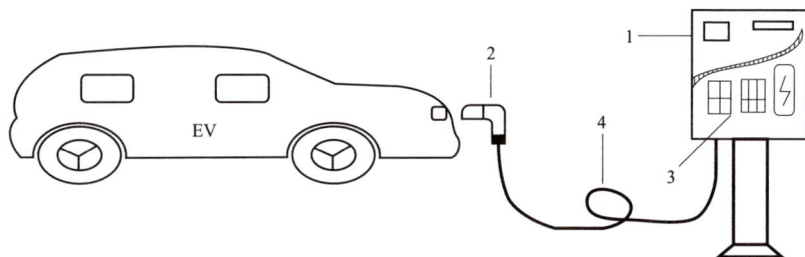

图9-2　充电桩的结构示意图

1—充电桩壳体；2—充电枪；3—控制组件；4—线缆组件

（二）充电桩原理

地面充电站中充电器的方案，该充电器由一个能将输入的交流电转换为直流电的整流器和一个能调节直流电功率的功率转换器组成，通过把带电线的插头插入电动汽车上配套的插座中，直流电能就输入蓄电池对其充电。充电器设置了一个锁止杠杆以利于插入和取出插头，同时杠杆还能提供一个确定已经锁紧的信号以确保安全。根据充电器和车上电池管理系统相互之间的通信，功率转换器能在线调节直流充电功率，而且充电器能显示充电电压、充电电流、充电量和充电费用。充电桩各功能模块见图9-3。

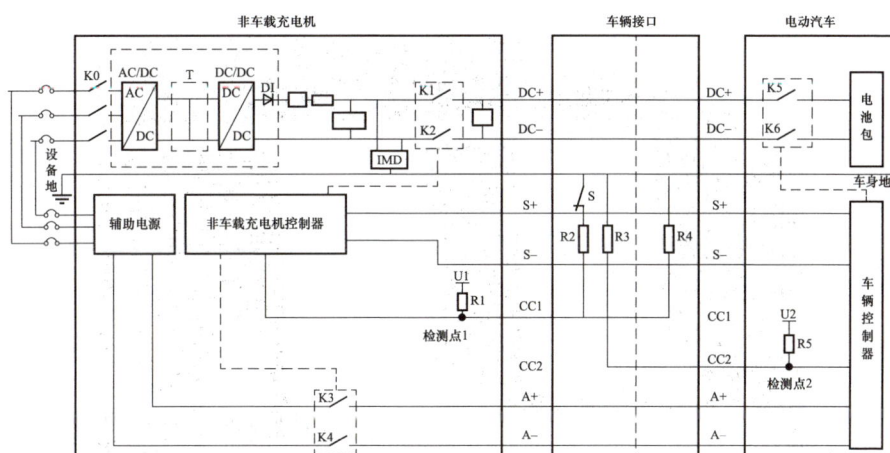

图9-3　充电桩的功能模块组成

当前的充换电设施将逐步采用 V2G 技术（Vehicle-to-grid），可以实现电动汽车与电网的互动，当电动汽车不使用时，车载电池的电能销售给电网的系统，如果车载电池需要充电，电流则由电网流向车辆。其核心思想就是利用大量电动汽车的储能源作为电网和可再生能源的缓冲。

三、充换电设施现场检查的内容

（1）巡视核对充电站、充电桩与平台 App 系统信息是否一致（如是否能够准确导航、充电桩数量、开放时间、停车费、充电价格是否准确等）。

（2）巡视检查充电桩的使用方式说明，电价公示是否完整、准确，查看充电站标示标牌是否正常（无破损、安装牢固）。

（3）巡视检查充电桩附属设施，如雨棚、车位、围栏、照明灯、监控以及引导牌等是否完好，无易燃易爆物品。查看雨棚、照明是否完好，无破损（雨棚无破损、漏雨，安装牢固，照明无故障），场地是否平整，排水设施是否正常、车辆限位器是否正常。

（4）巡视检查站内充电桩、整流柜（见图 9-4）和通信柜的外观，功能、安全防护等正常，配件和其他部分是否完好；设备底座、支架坚固完好，金属部位无锈蚀，各部位接地良好，运行声音无异常。并且充电枪正常归位，充电枪线摆放整齐统一。

图 9-4　整流柜

（5）巡视检查连接线接触良好，接头无过热；充电架接触良好，接触锁止机构完好，充电桩防火、防小动物措施正常。

（6）巡视检查指示仪表和信号指示正常。逐一检查站内充电桩各种类型充电方式及功能是否完好正常（充电卡、扫描二维码充电方式可正常启动充电，相应功能计量扣费数据可正常读取并在达到设置金额后可自动停止充电，用户自主停止充电功能正常）。

（7）检查安全和消防器材按规定摆放，取用方便，消防道路畅通。查看消防器材及安全标识等设施是否完好，每月定期对消防器材进行压力检查并签字记录。

（8）对充电站进行计划巡视，采用生产管理系统 App 完成充电站点巡视计划制定及执行工作；并按要求做好特殊巡视工作。

（9）对充电站进行夜间巡视，查看站点照明是否完好。

（10）对充电桩外部进行清洁。

（11）对各充电站现场的监控设备巡视，查看监控设施是否运行正常（摄像头应对准充电桩、充电车位、充电机和整流柜等区域，本地视频监控功能正常），同时做好巡视记录。

（12）对充电桩风机（见图 9-5）和防尘网进行除尘工作，对于使用率较高或周围环境较差的充电站应缩短除尘周期，保障其散热性能正常，并做好除尘工作记录。

自然散热充电桩　　　　空调散热充电桩

风冷散热充电桩　　　　水冷散热充电桩

图 9-5　充电桩散热方式及风机示意图

四、充换电设施缺陷分级

（一）缺陷分类

缺陷描述是对缺陷特征的规范化描述，反映缺陷发生的具体部位和现象，充电站设备类型分为充电桩、监控通信系统、基础设施及配电设施等。

（二）缺陷定级

定级是按照缺陷对安全及充电站运营服务的影响程度，划分为紧急、严重和一般缺陷三类。

（1）紧急缺陷：发生导致整站充电服务终止，直接威胁安全运行（可能造成设备严重损坏、人身伤亡或火灾等事故），充电服务平台的报修工单，发生新闻舆情等对供电企业产生较大负面影响的，需立即安排处理的设备或设施缺陷。例如：设备冒烟、有异味（见图9-6）、枪线破损（见图9-7）。

图9-6　设备冒烟、有异味

（2）严重缺陷：充电桩无法使用不能充电，存在设备运行安全隐患，可能导致充电服务终止或严重影响服务效率的设备或设施缺陷。例如：风扇故障（见图9-8）、监控破损（见图9-9）、屏幕进水或故障（见图9-10、图9-11）、模块故障（见图9-12、图9-13）。

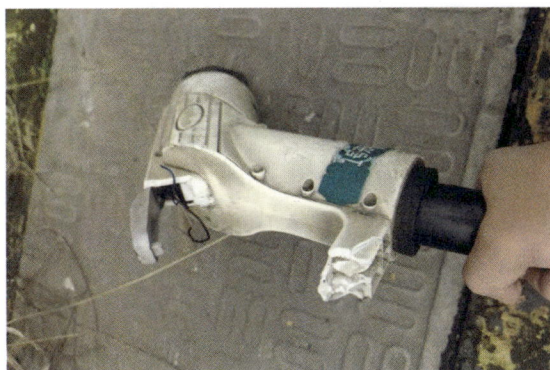

图 9-7　枪线破损

图 9-8　风扇故障

图 9-9　监控破损

图 9-10　屏幕进水

图 9-11　屏幕破损

图 9-12　模块故障（一）

图9-13　模块故障（二）

（3）一般缺陷：除上述紧急、严重缺陷以外，性质一般，程度较轻，对安全运行和充电服务影响不大的设备或设施缺陷。

第二节　港　口　岸　电

港口岸电指船舶在停靠港口期间，不使用船上的辅助发电机发电，船用照明、制冷、工程作业等用电设备改由码头供电，从而减少船舶大气污染物排放的供电方式（见图9-14）。

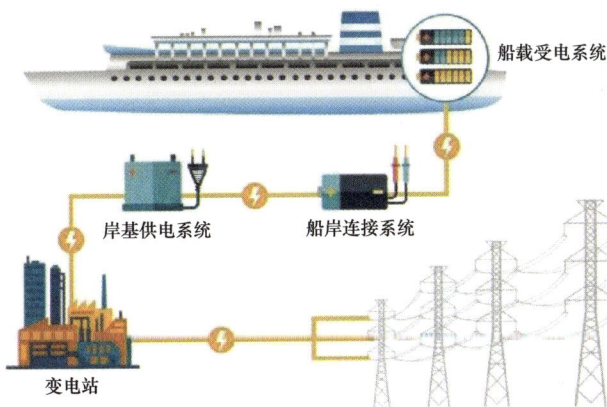

图9-14　岸电系统示意图

一、港口岸电的作用

由岸上供电设施向船舶提供电力，其整体设备称为岸电设施（见图 9-15）。港口岸电技术是实现节能减排、控制港口城市大气污染的有效手段之一。

图 9-15　港口岸电桩设施

二、港口岸电的设施

港口岸电的主要电气设备包括：高低压柜、变压变频电源、变压器、电缆、接电装置、低压电缆卷筒等，典型设备构成见图 9-16。根据港口大小和停靠船舶类型，港口岸电的供电模式可以分为以下三类：高压模式、低压模式和低压小容量模式。

（一）高压模式

高压模式的供电方式是将码头电网 10kV、50Hz 高压变频、变压转换为 6.6kV/（6）kV、60Hz/50Hz 高压电源，接入船上配备的船载变电设备变压后供船舶受电设备使用。

（二）低压模式

低压模式的供电方式是将码头变电站 10kV/50Hz 高压变频、变压转换为

450V/（400）V、60Hz/50Hz 低压电源，直接接入船上供受电设备使用。

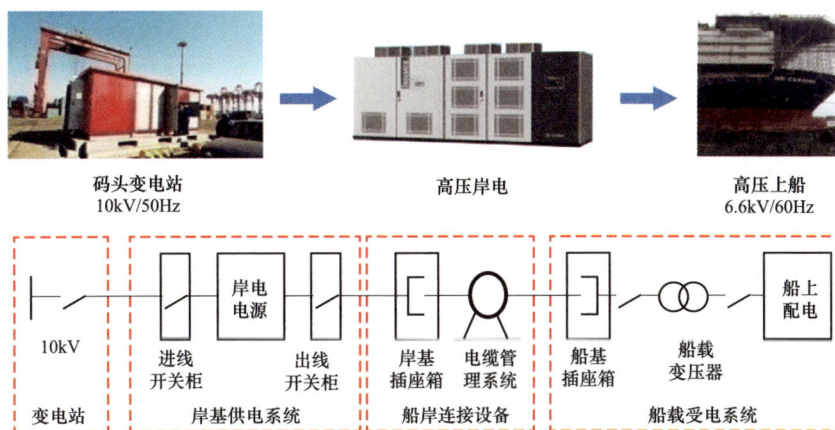

图 9-16　港口岸电典型设备构成示意图

（三）低压小容量模式

低压小容量模式的供电方式是将码头配变 380V 三相低压电源，经低压一体化岸电桩输出 380V 或 220V 电源，接入船上供受电设备使用。

三、港口岸电现场检查的内容及要求

（一）检查的内容

（1）配变、配电柜、开关、柜、桩等设备运行状况应正常，无异声、异味。

（2）保护屏、配电柜等各类表计、灯光指示应正常。

（3）保护屏上的转换开关、压板投切应正确，400V 自备装置压板确在投入状态（明确配电自备方式）。

（4）桩完整无损，液晶显示正常，机外壳接地良好。

（5）雷雨、大风、冰雪等恶劣天气过后，应及时检查桩的运行情况，查处缺陷并及时消缺。

（6）检查场地通道积雪情况，并及时铲除积雪，采取防滑措施，确保船员安全。

（7）高温天气，应加强枪、接头检查与监视。

（8）春季检查防火、防雷等措施落实情况。

（9）秋、冬季检查防寒、防小动物等措施落实情况。

（10）遇有特殊天气，应进行相应的特殊巡视检查。

（二）工作要求

桩值班长每月对设备巡视检查不得少于一次（见图9–17）。桩安全员每周对站内设备巡视检查不得少于一次。当班人员每班应对桩进行巡视一次并填写巡视记录。当班人员应加强对监控系统的监视，检查设备的状态显示，分合闸位置，电压、电流、功率等数据。雷雨天气，应停止操作。如发现有异常情况，应立即停止操作，严禁机器带病运行。

图 9–17　港口岸电现场检查

四、港口岸电的缺陷管理

（一）缺陷分类

（1）Ⅰ类缺陷其严重程度随时可能导致设备事故，或危及人身安全，必须立即消除，或采取必要的临时措施进行处理。Ⅰ类缺陷消除时间不应超过 24 小时。

（2）Ⅱ类缺陷比较严重，但设备可坚持短期运行，在缺陷消除前应加强监视。Ⅱ类缺陷消除时间不应超过一周。

（3）Ⅲ类缺陷对设备运行影响不大，可列入年度、季度、月度检修计划，或在日常维修工作中消除。Ⅲ类缺陷消除时间不应超过半年。

（二）缺陷处理

（1）桩的设备缺陷管理专责人，对桩设备缺陷进行统计管理，并督促消除。

（2）当班人员在巡视设备时，对发现的缺陷要及时记入《设备缺陷记录》中，记录应填写认真，并做到分类准确。

（3）对发现的Ⅰ类、Ⅱ类缺陷，当班人员应立即向值班长汇报，并采取相应的应急措施。

（4）值班长对工作人员发现的缺陷，要按规定的时限安排处理：Ⅰ类缺陷要及时安排处理，不得超过 24 小时；Ⅱ类缺陷要在一周内安排处理，并派专人密切监视；Ⅲ类缺陷可列入月度计划，但时限不得超过 6 个月。

（5）设备缺陷消除后，要有专人负责检查验收，验收合格后，缺陷消除人、检查验收人同时在缺陷记录中签字。

（6）对设备缺陷管理实行责任追溯制，如因人员责任，造成缺陷不能及时消除，或消除不彻底，导致设备事故或其他严重后果者，要追究相关人员的责任。

（7）设备缺陷专责人应每月对缺陷进行一次统计分析，年终要对全年的缺陷管理情况进行统计分析，以书面形式报告值班长。

（三）检修管理

（1）所有设备检修、消缺等工作，均实行工作票制度。

（2）站内装置、桩等专业设备的检修维护、消缺等业务，可与生产厂家签订维护协议，由其负责代维和定期检查。

（3）10kV 配电装置检修消缺工作，由配电运检部门负责。

（4）0.4kV 配电装置检修消缺工作，工作票由值班长负责签发，当班人员负责执行安全措施并实施检修。

（5）所有检修均应及时记入《设备缺陷检修记录》，并执行验收制度，检修人员与验收人员同时在《设备缺陷检修记录》中签字。

第三节　储　能　电　站

储能电站是通过电化学电池或电磁能量存储介质进行可循环电能存储、转换及释放的设备系统，其主要功能是调节峰谷用电问题，存储手段包括抽水储能电站和超大型电池组，以下主要介绍用户侧超大型电池组的储能电站（见图9-18）。

图9-18　用户侧储能电站

一、储能电站的作用

用户侧电池储能典型应用主要分为峰谷电价差套利、需量电费管理、动态增容、需求侧响应、提升新能源自用率和提升供电可靠性等。

（一）峰谷电价差套利

峰谷差套利是用户侧电池储能最基本的盈利模式，利用谷时电价给储能装置充电，峰值时段放电，赚取峰谷价差。

（二）需量电费管理

大工业用户采用两部制电价，如按照最大负荷缴纳需量电费，当月因某天某时段尖峰负荷出现，而需额外缴纳过多的需量电费，对这种情况，可利用用户侧电池储能及能量管理系统，识别并消除尖峰负荷，减少需量电费。

（三）动态增容

储能系统可在满负荷运行变压器容量超限时，替代传统向供电公司提出静态扩容申请的办法，实现动态扩容，减少静态扩容费用。

（四）需求侧响应

用户侧安装储能系统可以在保证自身用电情况下，接受电网调度，以满足需求侧响应，从而赚取需求侧响应补偿电费。

（五）提升新能源自用率

随着规模不断扩大，光伏、风电的补贴将会逐渐减少甚至退出，而光储或者风储可以提升新能源自用率，提高分布式可再生能源利润空间，导致用户侧大网供电量减少。

（六）提升供电可靠性

储能电站可在电网断电的情况下支撑消费者部分负荷，有效提升供电可靠性。

二、储能电站的基本结构

电池能量存储系统主要包括：电力转换系统（PCS）、电池管理系统（BMS）和电池矩阵（电堆），由可编程逻辑控制器（PLC）和人机界面（HMI）进行控制，基本构成见图 9-19。PLC 系统的关键功能之一是控制储能系统的充电时间和速率。其中，PLC 可以接收用电价格的真实时间数据，并且根据允许的最大用电需求、充电状态以及用电高峰/非高峰时的价格对比，决定怎样快速地给电池系统重新充电。这个决策是动态的而且能够根据具体情况优化。通过标准化的通信输入、控制信号和电力供应，它与系统其余部分集成在一起。它可以通过拨号或因特网进行访问。它有多重防卫层以限制对它的不同功能的访问，并且为远程监控提供定制的报告和报警功能。

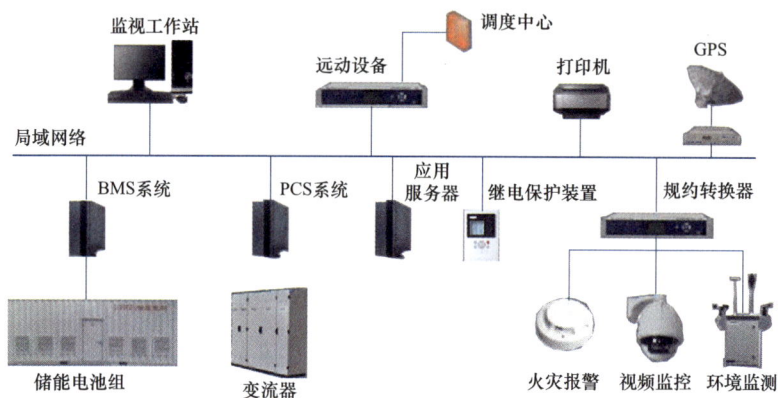

图 9-19　储能电站系统图

电力转换系统（PCS）：电力转换系统的功能是对电池进行充电和放电，并且为本地电网提供改善的供电质量、电压支持和频率控制。它有一个能进行复杂而快速地动作、多象限、动态的控制器（DSP），带有专用控制算法，能够在设备的整个范围内转换输出，即循环地从全功率吸收到全功率输出。目前通常采用的是双向逆变器。

电池管理系统（BMS）：监测电池状态量（电压、电流、温度、绝缘等），分析和评估 SOC、SOH 等核心参数，对超大规模成组集成的电池组（堆）进行均衡管理、控制、故障告警、保护及通讯管理，保障电池组安全、稳定、可靠、高效、经济地使用。

电池矩阵（电堆）：电池矩阵（电堆）是由若干单电池组成。

三、储能电站现场检查的内容

运维工作者为了保证电站的可靠性，需要定期对电站进行维护巡检（见图 9-20、图 9-21）。因为电站配备有很多运行设备，所以运维人员还得掌握供配电原理、PCS 双向变流器原理、BMS 工作原理、常见故障处理办法、储能设施维护办法、应急处理方法和安全知识。

图 9–20 储能电站的外部检查

图 9–21 储能电站的内部检查

现场检查主要有以下几方面：

（一）高压开关柜的检查内容

隔离开关分合、断路器开关分合、带电指示器、状态指示器、柜体外观检查及清洁、柜内照明检查、柜内接地端子、柜内主电缆接头目视、站用变开关柜目视。

（二）高压环网柜的检查内容

电流表核对、带电显示器检查、温湿度控制器检查、柜内照明检查、主电缆测温、SF_6 压力指示检查。

（三）变压器的检查内容

目视检查、嗅觉及听觉判断、测温枪或成像仪测温检查电缆接头、温控器系统检查、变压器风机检查、站用变低压总开红外测温。

（四）PCS 系统的检查内容

显示器功能及机柜外观检查、数据采样检查、核对时钟、柜内主电缆接头检查、本地指令执行检查、机柜防尘网清理、PCS 通信设备检查。

（五）BMS 系统及电池的检查内容

显示器功能及机柜外观检查、数据采样检查、核对时钟、高压箱检查、数据备份、嗅觉检查、电芯检查（如有异常）、电池温度运行检查、连接条连接点紧固程度抽查、电池目视外观抽查。

（六）汇流柜及电池架的检查内容

汇流柜开关分合、汇流柜主电缆检查、汇流柜内铜排红外测温、电池架门关合抽查、电池架外观结构、目视检查外观移位、变形，外观清洁。

（七）电站 EMS 系统的检查内容

EMS 显示器检查、EMS 操作及指令执行检查、运行策略更新、策略执行检查、遥测、遥信量与实际值核对。

（八）站用及 UPS 系统的检查内容

站用系统指示仪表检查、站内开关插座抽查、室内外照明系统检查、BMS配置的 UPS 系统状态检查、直流电源系统状态检查、直流电源系统蓄电池抽测电压、直流电源系统蓄电池连接条温度抽查。

（九）消防设备的检查内容

传感器目视检查、传感器电源检查、手提式灭火器检查、七氟丙烷灭火容器压力检查、电池室消防系统信息核对、电站消防系统信息核对、消防报警按钮检查。

（十）视频监控设备的检查内容

监控显示器检查、监控清晰度检查、数据存储检查、监控内容抽查是否有异常。

（十一）空调系统设备的检查内容

温控策略设置及核对、空调排水及密封检查、空调告警信息核对、柜内外目视检查、电源检查、冷凝器清理、防尘网清理。

（十二）集装箱的检查内容

集装箱门检查、防尘网清理、密封检查、箱体内清扫、集装箱基础防鼠网检查、外观目视检查、温度湿度计检查。

（十三）站内外环境的检查内容

电站围栏检查、门及门锁检查、站内卫生检查、站外周报环境及危险物检查、安全提示警示标志检查。

（十四）故障录波屏的检查内容

录波信息查阅、装置告警信息查阅。

（十五）故障解列屏和电能质量检查屏的检查内容

屏幕检查、信息查阅。

四、储能电站缺陷分类及处理要求

（一）设备缺陷的分类

（1）紧急缺陷：设备或设施发生直接威胁安全运行并需立即处理，随时可能造成设备损坏、人身伤亡、火灾等事故者。

（2）重大缺陷：对人身、设备有严重威胁，尚能坚持运行，不及时处理有可能造成事故者。

（3）一般缺陷：短时之内不会发展为重大缺陷、紧急缺陷，对运行虽有影响但尚能坚持运行者。

（二）设备缺陷的处理时限要求

（1）紧急缺陷：消除时间或立即采取措施以限制其发展的时间不超过 24 小时。

（2）重大缺陷：消除时间原则上不超过 7 天。但由于运行方式或其他特殊情况的限制，无法及时处理的，经生产部门领导同意后，可适当延长处理时限。在此期间，运维人员必须安排对缺陷的跟踪、检查或采取措施，以免发展成为紧急缺陷。

（3）一般缺陷：电站消缺范围的设备缺陷消除时间原则上立查立改；检修消缺范围的设备缺陷应列入季度生产计划或检修计划。

第四节 节 能 设 备

节能设备已经广泛地应用在工业领域，节能率高达 10% 以上，节电效果显著。目前，节能设备主要有：变频器、电压调整系统、高压变频智能节电系统、低压智能节电系统、水轮机节电系统等，节能设备的运维已实现系统平台的智慧化管理。

一、节能设备运维平台的作用

节能设备智慧运维系统运维平台主要提供如下功能：

（1）提供配电室内的关键电气设备运行监测和分析。

（2）提供接入设备的全面监测，显示系统单线图，关键设备的运行参数，并提供历史记录功能。

（3）负荷电流、电压、功率因素、电能等全电量测量，并实时监测变化。

（4）通过对开关状态、设备参数等的监测，自动记录负载变化，实现配电系统优化运行。

（5）通过系统提示的开关跳闸等告警信息，记录并追踪电气系统的报警和故障（隐患），供现场巡检和故障处理时候进行分析。

（6）提供典型的配电室运行数据分析功能，自动定期生成用户用电分析报告。

（7）利用线下运维收集用户用电设备台账信息，通过线上录入，提供完整资料管理功能，将电子化的产品资料、配电室设计资料在系统界面中统一规划和提供。

二、平台系统的基本结构（见图9-22）

（1）架构图中系统接入的具体设备型号及数量以实际为准。

（2）智慧平台为配电系统设置安装单元监控系统，安装单元就地安装机柜内，分别监控各段的配电设备。

（3）数据传输采用 RS485 通信接口，支持 modbus 通信协议。

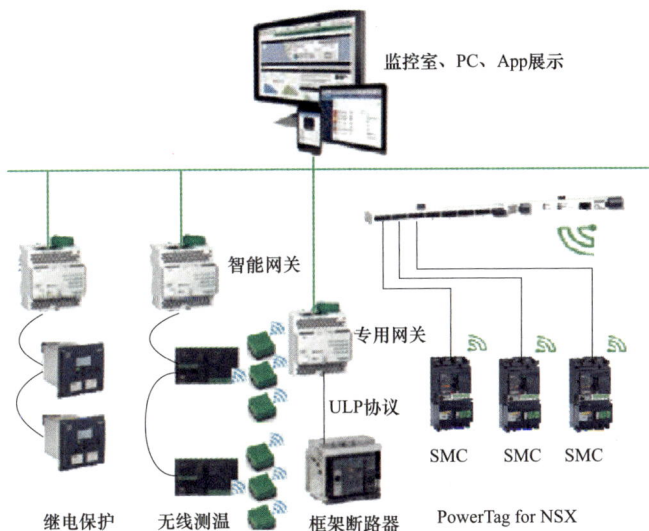

图9-22　平台系统基本结构

三、系统监控的主要内容

（1）电气设备运行分析功能。

（2）报警管理。

（3）典型能耗的对比分析。

（4）关键设备运行报表。

（5）视频监控。

（6）系统安全与用户管理。

四、系统缺陷分级

1. 告警方式

画面显示，多媒体语音告警，并可方便地将告警声音静音；打印告警。

2. 告警类型

越限告警、变位告警、事件告警、通讯状态告警、运行日志。

3. 告警信息

包括告警类型、发生告警的对象、告警内容、发生告警具体时间、确认状态等。告警信息实时存储于数据库中，存储容量只受到硬盘大小的限制。通过告警信息查询系统可以从数据库中查阅历史告警信息。查询方式分为按类型、按时间段、按发生源、按等级等几种方式或它们的组合。

系统支持告警界别的设定，并能够根据不同的告警级别，以及告警的不同状态，使用清晰的颜色区别显示不同的告警状态。相关的颜色需能够由用户自行设定。

系统提供专门的报警提示窗口，与系统界面融合，提供紧急告警的优先显示界面。报警呈现方式为屏幕显示报警（通过醒目的图案和文字来告知用户，报警信息的关键参数：报警设备、报警时间、故障内容、优先级等）；本地语音及声光报警器报警（当报警发生时，节能设备智能管理系统自动通过扬声器播放报警语音，通过声光报警器告警，将报警消息传递给现场人员，可方便地将告警声音静音）。

第十章

检查结果与处理

如果客户现场检查过程中没有发现缺陷，将检查结果归档，检查流程结束。如果检查过程中发现缺陷，应填写《用电检查结果通知书》，见表 10-2。资料归档后，还要督促用户限期整改，形成闭环。

如果客户现场检查过程中发现危急缺陷，应立即采取措施处理，重要缺陷应尽快（一个月内）消除，并在处理前采取相应防范措施，一般缺陷应制定消除计划，并按计划处理。

第一节　用电检查结果通知单的填写

客户现场检查应建立用电检查电子化记录，按照一户一档的要求，对高危及重要用户相关档案实施集中化、电子化管理。

开展现场用电安全检查时，通过移动作业终端按照规定步骤逐项核查客户各类信息与现场是否相符。检查结束，必须通过移动作业终端对计量装置、暂停变压器封印情况进行现场拍照存档。

经现场检查确认用户电气设备状况、电工作业行为、运行管理等方面有不符合安全规定的，用电检查人员应当提出书面检查意见，开具《用电检查结果通知书》，需通过移动作业终端拍照，最后完成上装流程。对客户存在的缺陷和问题应具体、清晰地以《用电检查结果通知书》形式，书面提出整改意见和措施，填写应标准、规范，客户认可《用电检查结果通知书》中填写的内容，并由客户主管电气的领导或电气专业负责人签字，一式两份，一份交给客户，另一份存档。

在营销业务应用系统中，业务人员根据服务区域、检查日期、客户类型等查询条件，获取整改信息列表，选中其中一条记录，维护整改信息，内容包括：安全隐患编号、违约窃电编号、整改内容、整改状态、整改完成日期、检查日期、检查人员，也可直接新增整改信息。操作界面如图 10-1 所示。

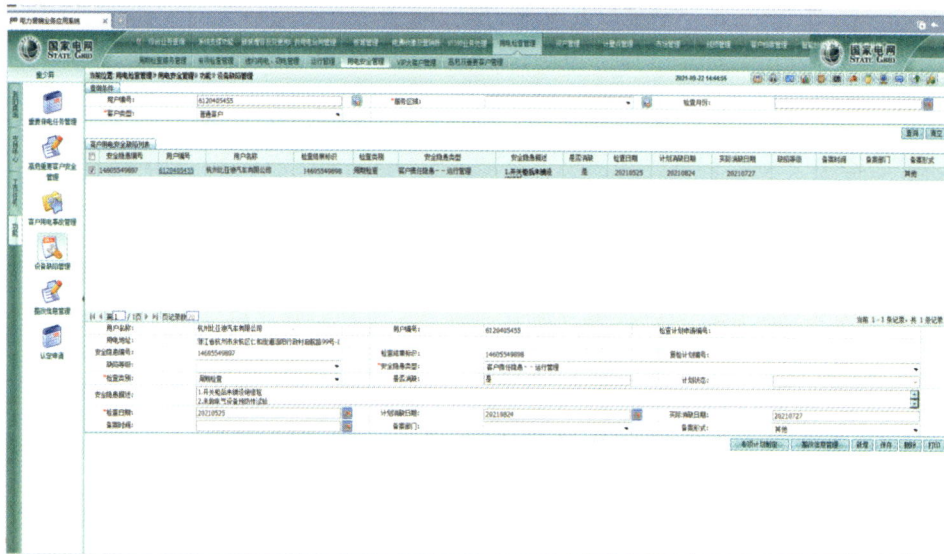

图 10-1 营销业务应用系统中维护整改信息

第二节 督 促 客 户 整 改

用电检查人员应主动跟踪客户用电安全情况，及时督促客户消除安全隐患。帮助客户分析问题，提出整改建议。

对客户受电装置存在的缺陷、没有按规定的周期进行电气试验及保护检验等安全隐患，应向客户耐心说明其危害性和整改要求。

对于重大隐患，客户不实施隐患整改并危及电网或公共用电安全的，应落实"四到位"工作要求，书面报告当地政府电力、安全生产等相关主管部门，并发放《限期整改告知书》督促整改。拒不整改的发放《中止供电通知书》，并按规定程序经审核后实施停电。

第三节 资 料 归 档

将客户签字的《用电检查结果通知书》以及其他纸质档案及时存入客户档案资料中，相关视频、照片、录音等电子资料信息统一信息化存档。重要客户应按照一户一档的要求实施集中化、电子化管理。

将移动作业终端巡检流程归档，营销业务系统巡检流程归档。作业过程中形成的报告与记录的存放地点和保存期限，见表10-1～表10-4。

表 10-1 报告与记录存放地点和保存期限

序号	名称	填写人员	保存地点	保存期限
1	用电检查结果通知书（表10-2）	用电检查员	用电检查班/客户经理班	≥3 年
2	限期整改告知书（表10-3）	用电检查员	用电检查班/客户经理班	≥3 年
3	中止供电通知书（表10-4）	用电检查员	用电检查班/客户经理班	≥3 年

表 10-2 用电检查结果通知书（一式两份）

用电检查结果通知书

（一式两份）

NO：_____

_____ 客户：（户号_____）

为确保电网安全稳定运行和贵户安全稳定用电，我公司用电检查人员对贵户涉网设备和自备电源进行巡视检查，经检查发现贵户存在以下用电安全隐患，请尽快进行整改。

一、电源配置情况

□供电电源配置不满足安全生产要求，应＿＿＿＿＿＿＿＿＿。

□供电电源配置不满足重要性等级要求，应＿＿＿＿＿＿＿＿。

□客户保安负荷不明确；□客户保安负荷未全部接入自备应急电源；□自备应急电源容量不满足全部保安负荷正常启动和带载运行的要求；□自备应急电源启动时间不满足安全要求。

□双电源/自备电源未装设可靠的机械闭锁或电气闭锁装置；□电气闭锁装置未定期试验。

□其他：＿＿＿＿＿＿＿＿＿＿＿＿＿＿＿＿＿＿＿＿＿＿＿＿＿

＿＿＿＿＿＿＿＿＿＿＿＿＿＿＿＿＿＿＿＿＿＿＿＿＿＿。

二、电气设备运行工况

□涉网设备及保护装置异常；□定值不正确；□压板投退位置不正确。

□涉网设备安全距离不足；□杆塔存在安全隐患。

□电气设备未按期开展预防性试验；□电气设备预防性试验不合格/项目不全。

□变压器等高压设备有异响；□异味；□高温报警。

□电缆头发热严重；□电缆沟无排水措施；□电缆进出孔洞未封闭。

□设备无双重编号；□常设警示牌或警示设施不齐全；□仪表指示位置不正确。

□其他：＿＿＿＿＿＿＿＿＿＿＿＿＿＿＿＿＿＿＿＿＿＿＿＿＿＿＿

＿＿＿＿＿＿＿＿＿＿＿＿＿＿＿＿＿＿＿＿＿＿＿＿＿＿＿＿。

三、用电基础管理情况

□作业电工未持证；□电工证服务单位与实际不符；□电工数量不满足要求。

□配电房未采取防小动物；□防雨雪；□防汛；□防火；□通风；□防凝露（除湿）措施。

□户外设备、专线未定期采取防污闪措施。

□配电室运行值班制度、倒闸操作、现场运行规程、自备电源操作规程、维护记录等不完备。

□未制定符合行业规定的中断供电应急预案；□无非电性质保安措施。

□现场无电气主接线图；□主接线图与实际接线方式不相符。

□配电室通道照明运行不正常；□应急照明配备不足。

□其他：＿＿＿＿＿＿＿＿＿＿＿＿＿＿＿＿＿＿＿＿＿＿＿＿＿＿＿

＿＿＿＿＿＿＿＿＿＿＿＿＿＿＿＿＿＿＿＿＿＿＿＿＿＿＿＿。

四、其他检查发现的隐患

根据国家有关法律规定，贵户是用电设备（含涉网设备）的产权人或管理人，负有维护管理该设备的义务。我公司对涉网设备和自备电源的巡视检查并不意味免除或减轻贵户履行用电设备的维护管理责任。我公司告知的安全隐患，贵户应尽快整改，否则，由此造成的设备损坏、人身伤害、第三方损失及影响电网运行安全等，将由贵户承担相应的法律责任。

客户签字（盖章）：   检查人员：

联系电话：   检查单位公章：

  年 月 日   年 月 日

注　本模板仅供参考，各省（市）公司可结合表中内容和实际情况进行调整，或补充具体整改要求。

表10-3　　　　　　　　限 期 整 改 告 知 书

限 期 整 改 告 知 书

NO：_____

_____　客户：（户号_____）

我公司检查人员于××××年××月××日对你户进行用电安全检查时，发现你户存在用电安全隐患。经检查目前尚未完成全部整改，现将隐患内容再次告知如下：

根据《中华人民共和国电力法》《电力设施保护条例》《供电营业规则》等法律法规，限你户在××××年××月××日前将上述隐患整改到位，并将整改结果函告知我公司，我公司将派员对整改结果进行现场确认。

凡逾期末整改或整改不到位，造成设备损坏、人员伤亡、电力安全事故等后果，一切责任及经济损失由你户负责承担。

通知人员：

单位公章：

年　月　日

注　本模板仅供参考，各省（市）公司可结合实际情况进行调整。

表10-4　　　　　　　　中 止 供 电 通 知 书

中 止 供 电 通 知 书

（一式三份）

NO．_____

_____　客户：（户号_____）

我公司检查人员于××××年××月××日对你户进行用电安全检查时，发现你户存在以下问题：

截止至××××年××月××日，你户尚未采取有效整改措施。根据《中华人民共和国电力法》《电力设施保护条例》《供电营业规则》等法律法规，你户行为将造成以下影响：

根据有关规定，我公司将于××××年××月××日××时××分实施中止供电措施，请提前采取非电保安措施，中止供电引起的所有后果由你户负全责。

通知人员：

单位公章：

年　月　日

（抄送：××××政府部门）

注　本模板仅供参考，各省（市）公司可结合实际情况进行调整，具体可中止供电情形参照《供电营业规则》、国网公司统一供用电合同文本等相关条款执行。